KB088647

아이는 엄마의 마음을 모른다

일러두기

만화 및 일러스트는 원서의 우철 제본 방식에 따라 우측부터 표기하였습니다.

ILLUST DE YOKUWAKARU KANJOTEKININARANAI KOSODATE by Tokiko koso
Illustrated by Tome Kamiooka

Original Japanese edition published by KANKI PUBLISHING INC.

This Korean edition published by arrangement with KANKI PUBLISHING INC., Tokyo, through HonnoKizuna, Inc., Tokyo, and BC Agency

일러스트로 쉽게 이해하는 육아 핵심 솔루션

아이는

엄마의

마음을

모른다

고소 도키코 지음

이정미 옮김

카시오페아

Cassiopeia

아이가 배 속에 있을 때 그려왔던 출산 후의 모습은 어떠셨나요? 아마 대부분의 엄마들이 꿈꿔온 장면은 동그랗게 웃는 아이의 얼굴과 파스텔 빛 일상이었을 것입니다. 하지만 막상 아이가 태어나면 '이 정도로 잠을 못 잘 줄이야', '밥도 느긋하게 못 먹네', '아니, 화장실도 마음 편히 갈 수 없다니!'라는 생각으로 바뀝니다.

저 역시 세 아이를 키우고 있습니다. 첫째 아들이 한 살이었을 때는 거의 하루 종일 아이를 안고 있던 기억이 납니다. 울면 안아주고 잠들면 내려놓고 다시 울면 안아주기를 무한 반복했지요. "대체 언제쯤 이불에 누워서 잠을 자는 거야!" 하고 투덜거렸습니다. 수많은 시도 끝에 겨우 아이가 누워서 자는데 철컥하는 문소리에 눈을 번쩍 뜰 때도 많았습니다. 아이가 태어나기 전에는 상상도 못 했던 일입니다.

평균 출산 연령이 30세가 넘는 지금, 대부분의 엄마는 일을 해본 경험이 있습니다. 어렸을 때 혼자였거나 형제자매가 적은 경우가 많았고, 학교에서는 또래 친구들과 지내다가 그대로 취직해서 일을 한 케이스이지요. 그러다 보니 주변에서 아이를 볼 기회도 없었고 어른들만 있는 환경이 익숙합니다. 아이를 다뤄본 경험도, 아이 울음소리를 들어 본 적도 없는 사람이 대부분입니다. 그러니 '아이 울음'에 익숙하지 않고 울음소리를 듣기가 괴로운 것이 당연합니다. 말이 통하지 않는 아기에게 울음을 그쳐달라며 이리저리 손을 써 봐도 아이가 계속 울 때면 정말 힘들고 어찌할 바를 모르지요. 밤새 아이를 보다가 어느새 날이 밝았는데 "이런, 아직도 빨래가 축축하잖아…." 하며 갈아입힐 옷이 없어 난감할 때도 있습니다.

아이는 자라면서 점점 의사 표현이 가능해집니다. 말이 통하고 아이와 하는 대화가 즐거워지지만 그렇다 한들 아이는 결코 부모의 말대로 움직여주지 않습니다. 음식을 흘리고, 집안을 어지럽히고, 갑자기 짜증을 부리기도 하지요. 아이가 소통할 수 있는 나이가 되더라도 여전히 육아는 힘들고 손이 많이 가는 일입니다. 그런데도 아이는 매일같이 "싫어! 아니야!"라는 말만 달고 사니 엄마는 머리끝까지 화가 나서 아이를 향해 소리 지르게 됩니다. 집은 엉망인 데다 아이에게 소리만 지르고 있을 때면 자신이 자꾸 보잘것없어지는 것만 같아 더욱더 자기혐오에 빠지는 분도 적지 않습니다. 이렇게나 애를 쓰고 있는데 말입니다.

여러분이 이 책을 고른 이유도 이와 같다고 생각합니다. 혹

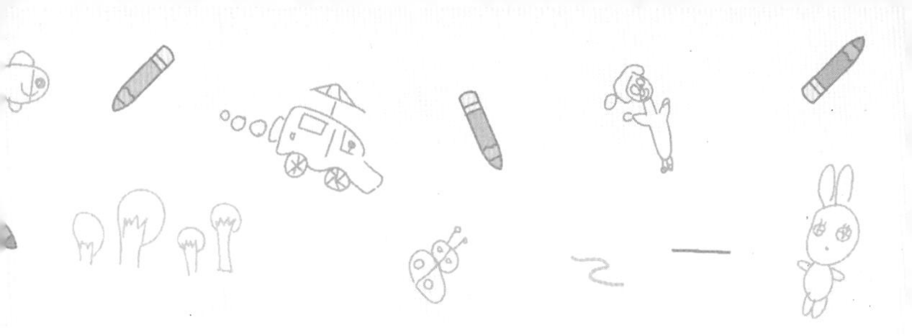

시 아이에게 화를 냈나요? 아니면 매일같이 아이를 야단치고 있나요? 어쩌면 아이를 때릴 뻔한 적이 있는지도 모르겠습니다. 사실은 무척 사랑스럽고 귀여운 나의 아이인데 말입니다.

아이에게 화를 내고 야단치는 나 자신이 싫어서 자기혐오에 빠진 적이 있다면 자신을 탓하지 않아도 괜찮습니다. 부모는 성인군자가 아니니까요. 하지만 아이는 부모의 화에 상처를 받습니다. 엄마, 아빠가 왜 화내는지 알지도 못한 채 말이지요.

저는 일본에서 부모들의 육아를 돕는 육아 어드바이저로 활동하고 있습니다. 약 6년간 일본 각지를 돌며 자치단체 및 어린이집, 유치원, 육아 지원시설 등에서 강연을 했고 지금까지 약 2만 명의 가족이 제 강연을 들어주셨습니다. 또 〈미쿠miku〉라는 일본 육아 정보지의 편집장도 맡고 있습니다. 강연이나 〈미쿠〉의

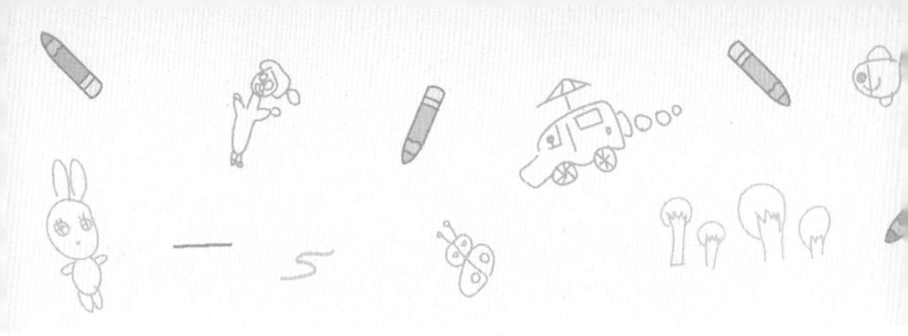

독자 의견을 통해서도 말을 잘 듣지 않는 아이에게 화를 냈다거나 나도 모르게 아이를 때려서 자기혐오에 빠졌다는 이야기를 들을 때가 있습니다.

2016년 〈미쿠〉에서 실시한 설문 조사에 따르면 약 60%의 부모가 '아이를 야단치거나 때린 적이 있다'고 하며, 약 50%의 부모가 '훈육을 위해 아이를 야단치고 때릴 필요가 있다'고 답했습니다. 하지만 이와 함께 '아무리 혼내도 늘 같은 상황이 반복된다(약 40%)', '야단치지 않고 때리지 않고 훈육할 방법을 모르겠다(10%)'며 고민하는 부모도 많았습니다.

답변과 함께 받은 의견 중에는 다음과 같이 절실한 내용도 있었습니다.

"할 수만 있다면 아이에게 손대지 않고 훈육하고 싶어요."

잘못된 육아 방식이 아이에게 좋지 않다는 점을 이미 부모도 알고 있음을 알 수 있는 답변입니다. 반면 이런 의견도 있었습니다.

"야단치지 않고 혼내지 않는 편이 좋다고 생각하지만 아이가 친구를 때렸을 때는 어떻게 해야 할지 모르겠어요."

"첫째를 키울 때는 소리지르지 않았는데 둘째가 태어나니 순간적으로 욱하는 상황이 많아졌어요."

나도 모르게 아이를 혼내고 윽박질러서 고민에 빠지거나, '이런 상황에서는 야단치고 때려서라도 가르쳐야 하지 않을까'라며 망설이는 부모도 있었습니다. 임신과 출산, 그리고 육아는 누구에게나 첫 경험입니다. 누구나 처음 부모가 된 것이기에 방향을 몰라 고민하고 헤매는 것이 당연합니다. 다만 이렇게 많은 부모들이 자신의 화와 체벌에 대해서는 고민하지

만, 정작 '아이가 왜 그렇게 행동했을까?' 하고 아이의 관점에서 먼저 생각하지는 않는다는 점에 주목해야 합니다.

이 책의 제목처럼 아이는 엄마의 마음을 모릅니다. 부모 입장에서는 당연히 아이가 화나게 하는 상황이어서 화를 냈다고 하지만 아이 입장에서 보면 엄마가 갑자기 왜 화를 내는지, 왜 자신이 혼나야 하는지 정확하게 알지 못합니다. 아이는 그저 엄마에게 꾸지람을 듣는 순간에 당황하고 주눅이 들 뿐입니다. 부모에게 자꾸만 혼난 아이에게 자신감 넘치고 활발한 모습을 기대하기는 어려울 것입니다. 또 자기식대로 행동하면 혼나기 일쑤이니까요. 장시간 언어적 · 육체적 폭력에 짓눌린 아이는 사춘기 때 안 좋은 방향으로 분노가 폭발할 수도 있습니다. 엄마, 아빠가 힘을 합쳐 혼내지 않는 연습을 꼭 해야 하

는 이유입니다.

지금까지 화를 내며 아이를 야단쳤다고 해도 이제부터는 모두 지난 일이 될 것입니다. 오늘부터 우리는 달라질 수 있습니다. 아이가 말을 듣지 않고 부모의 뜻대로 움직여주지 않을 때 화가 나서 아이를 야단치고 때리는 것은 부모 자신이 곤란한 상황에 처해 있기 때문입니다. 이 상황을 바꾸고 싶다고 생각하는 엄마, 아빠라면 이미 때리지 않고 야단치지 않는 육아의 출발선 위에 서 있는 셈입니다.

이 책에서는 화가 나서 아이를 야단치거나 때리고 싶어질 때 어떻게 하면 화를 내지 않을 수 있는지 알려줍니다. 아울러 훈육의 범위와 방법도 일러스트와 함께 구체적으로 소개합니

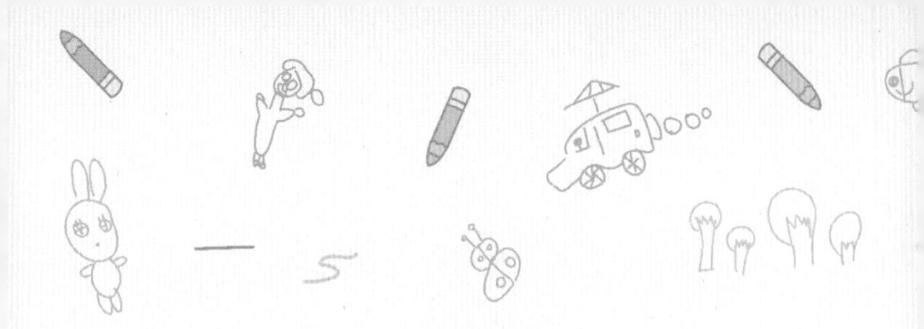

다. 또 평소에 "이건 어떨까?", "이렇게 하는 게 맞을까?" 등 육아를 하면서 생기는 궁금증에 대해서도 답해드립니다.

부디 이 책이 화내지 않고 야단치지 않고 때리지 않으면서 아이를 대하고, 아이의 마음을 먼저 이해하고 단단하게 키워주는 육아의 실마리가 되었으면 좋겠습니다.

응애
아이가 태어나면 평온하고 아름다운 날들이 펼쳐지리라 기대했다.
육아가 즐겁고 행복한 일일까?
아직 머리도 못 감았다고…
응애~ 응애~
빨래는 아직도 안 말랐고
집은 난장판이고
방금 우유 먹였는데
응애~ 응애~
응애~ 응애~
왜 또 우는 거지?
이럴 줄은 꿈에도 몰랐어.
응애~ 응애~
이잉~

목차

이 책의 등장인물

STEP 2

나쁜 부모는 있어도 나쁜 아이는 없다

아이의 마음을 알면 상처 주지 않는다

부모의 습관이 아이 자존감을 키운다

부모가 행복해야 아이도 행복하다

STEP 1

육아가 힘든 이유는 따로 있다

문제는 부모에게 있다

부모는 너무 쉽게 화낸다

도무지 말을 안 듣고, 옷은 안 갈아입겠다 하고, "싫어!"를 반복하고, 마구 뛰어다니고, 싸우고, 친구 장난감을 빼앗고…. 아이는 왜 이렇게 부모를 힘들게 할까요? 육아 고민에 빠진 엄마, 아빠는 종종 "아이는 왜 부모를 힘들게 하는 일만 골라 하나요?"라고 묻습니다. 아이의 이런 행동이 자꾸 반복되면 '일부러 그러는 거 아니야?'라는 생각마저 듭니다. 그럴 때면 부모도 점점 화가 납니다. 자기도 모르게 언성을 높이고 야단을 치게 되고, 감정이 폭발하는 순간 아이에게 손을 댈지도 모릅니다.

이때 잠시 마음을 가라앉히고 아이에게 화를 낸 상황을 돌아보며 생각해봅시다. 화를 낸 원인은 아이가 아니라 부모에게 있는 게 아닌지 말입니다. '내 아이가 여기서는 이렇게 해주면 좋겠다'라는 부모의 생각과 반대되는 행동을 했을 때, 그것이 화내는 버튼을 누른 건 아닐까요?

옷을 갈아입어야 하는데 아이가 좀처럼 행동이 느리면 이렇게 말하고 싶어집니다.

"왜 이렇게 꾸물거려?"

"일부러 천천히 갈아입는 거 아니지?"

이런 생각이 드는 이유는 '옷 갈아입는 건 몇 분이면 충분하다'는 부모가 정한 시간표를 아이가 지켜주지 않아서일 확률이 높습니다. 물론 아이도 상황에 따라 엄마, 아빠에게 어리광부리고 싶고 피곤해서 일부러 "못해!"라며 부모의 손을 빌리려 할 때가 있습니다. 하지만 결코 계획적인 행동은 아닙니다.

응석 부리고 싶거나 마음이 조금 약해질 때면 아이들은 대부분 혼자서 할 수 있는 힘이 부족해집니다. 부모는 '아이가 일부러 부모를 힘들게 한다'고 느낄지 몰라도 아이는 일부러 하는 것이 아니라 그저 자연스럽게 행동할 뿐입니다.

경우에 따라 부모로서 화가 날 때도 있겠지만 아이 나름의 성장과 발달의 속도를 지켜 봐주면 어떨까요? 어쩌면 아직 아이가 옷을 갈아입는 데 시간이 걸리는 시기일지도 모릅니다. 혹은 무언가에 정신을 빼앗겨 행동 전환이 쉽게 안 되는 상태일 수도 있습니다.

아이는 지금 시간을 보며 행동하기를 조금씩 연습하고 있는 중입니다. 이렇게 생각하면 아이의 행동은 그저 성장하는 과정에 지나지 않습니다. 부모의 생각대로 움직여주지 않는 것이 당연합니다.

아이는 왜 혼났는지 모른다

아이를 훈육하기 위해서 야단치고 때리는 것에 대해 부모는 어떻게 생각할까요?

"야단치면 더 크게 울어서 오히려 난감해요."

"때리면 나쁜 행동을 반성하기보다는 아프다는 느낌만 강하게 남는 것 같아요."

화가 나서 아이를 야단치고 때리면 아이와의 관계가 악화됩니다. 부모에게 맞으면 대부분의 아이는 왜 맞았는지 이유를 알지 못합니다. 사랑하는 부모가 자신을 때렸다는 육체적, 정신적 고통만 강하게 느끼니까요.

강연을 통해 만난 부모들의 이야기를 들어보면 엄마, 아빠 자신도 어릴 때 "부모에게 혼나고 야단맞은 기억은 있는데 이유는 기억나지 않는다.", "이유는 모르겠다."고 답하는 사람이 많았습니다. 부모가 자신에게 큰소리를 낸 이유는 분명히 있겠지만, 이유보다는 '부모가 자신을 야단치고 혼냈다'는 슬픔과 공포의 기억이 더 큰 것입니다. 우리 아이의 감정도 이와 다르지 않습니다.

야단치고 혼내는 이유에 대해 아래와 같이 답하는 부모도 있었습니다.

'위험한 행동을 했을 때 두 번 다시 하지 못하도록 이렇게 하면 아프다고 기억시키려고.'

'친구를 때렸기 때문에 맞으면 아프다는 사실을 몸으로 직접 느껴보라고.'

고통을 이해시키기 위해 '때린다'고 말하는 분도 몇몇 있었습니다. 하지만 아이가 친구를 때리는 장면을 떠올려봅시다. 아이는 상대방에게 아픔을 느끼게 하려고 때리는 게 아닙니다. 자기가 하고 싶은 것('장난감을 가지고 놀고 싶다', '갖고 놀던 장난감을 뺏겼다')을 잘 전달하지 못할 때, 혹은 자기 생각이 받아들여지지 않을 때 친구를 때립니다. 상대에게서 물건을 빼앗기 위해 또는 자기 생각대로 되지 않는 스트레스가 상대방에게 향할 때 '때리는 행동'을 하는 것입니다.

따라서 아이가 친구나 형제자매를 때렸다고 해서 그 아이를 어른이 때릴 필요는 없습니다. 또한 아이끼리의 싸움을 말릴 때도 네가 때렸으니까 맞아야 한다거나, 네가 맞았으니까 때려야 한다는 식으로 가르쳐서는 어떤 문제도 해결되지 않습니다.

"아이가 어릴 때는 왜 맞는지 잘 모르니까 때려도 의미가 없는 것 같아요. 하지만 10대가 되어서도 도덕적으로 옳지 못한 행동을 한다면 체벌할 수도 있다고 생각했습니다."

한 강연에서 만난 아빠가 이렇게 말했습니다. 이어서 다음과 같은 이야기를 덧붙였습니다.

"그래서 어릴 때는 아이를 때리지 않았지만 초등학생이 된 다음부터는 때릴 필요도 있다고 생각했어요. 어느 날 때리려던 게 아니라 무심코 손을 올렸는데, 아이가 손으로 머리를 감싸 안는 거예요. 순간 마음이 철렁했습니다. 내가 하는 행동이 아이에게 공포감을 주고 있구나 하고요."

아빠는 그날부터 아이를 때리지 않았다고 합니다.

아이끼리의 싸움과는 다르게 부모가 아이를 감정적으로 때리는 행위는 위압적이며 지배 관계가 깔려있습니다. 부모보다 몸집이 훨씬 작은 아이는 되받아치지도 반항하지도 못합니다. 반항했다가는 더 큰 벌이 돌아올지도 모르기 때문에 몸이 경직되고 마음을 꾹 닫는 것입니다.

'아이 자체를 부정하지는 않고 손이 나쁜 일을 했으니 손을 때린다', '엉덩이만 때린다'는 의견도 있었습니다. 하지만 손이나 엉덩이도 아이의 일부분이자 아이 그 자체입니다. 2017년 후지와라 다케오 및 도쿄의과치과대학 교수진이 발표한 자료에 따르면 실제로 만 3.5세까지 엉덩이 등을 맞은 아이가 만 5.5세가 됐을 때 문제 행동(차분히 이야기를 듣지 못하거나 약속을 지키지 않는 등)을 일으킬 위험이 큽니다.

착한 아이는 부모가 만든 허상이다

모든 엄마, 아빠는 내 아이가 '착한 아이로 자라주길' 희망합니다. 물론 사고 치는 아이보다 야단치지 않아도 되는 아이가 좋겠지요. 그런데 도대체 착한 아이란 어떤 아이일까요? 부모의 말을 잘 듣는 아이, 문제를 일으키지 않는 아이, 떼쓰지 않는 아이, 뭐든지 잘하는 아이, 성적이 좋은 아이… 이 외에도 여러 유형의 아이가 있을 것입니다. 그런데 잠시 멈춰서 생각해 봅시다. 여기서 말하는 '착한 아이'란 부모의 관점에서, 부모가 원하는, 부모가 키우기 편한 아이가 아닐까요?

예를 들어 "엄마 말 잘 들어야 착한 아이지?"라고 말하면 아이는 자신이 부모의 생각과 다른 것을 말하거나 행동에 옮기면 나쁜 아이가 된다고 생각하기 쉽습니다. "공부 잘해야 착한 아이지?"라는 말에도 '성적이 떨어지면 나는 나쁜 아이가 되고 부모에게 사랑받지 못할지도 모른다'며 불안해하거나 부담을 느낄지도 모릅니다.

회사에서 하는 일은 완벽하게 해내서 일찌감치 목표를 달성하면 좋은 평가를 받습니다. 반대로 목표를 달성하지 못했거나 실수를 하거나 일을 하는 데 시간이 많이 걸리면 주변에서 나쁜 평가를 줍니다. 하지만 이는 회사이고 일이기 때문에 그렇습니다. 사회에서는 능력, 기술, 성적 등 여러 가지 기준으로 사람을 평가합니다.

가정은 이와 다릅니다. 가족 간의 사랑, 부모 자식 간의 애정에 평가를 넣는다면 상상만으로도 괴롭습니다. 조건을 달고 아이를 바라보면 조건을 갖추었는지 아닌지로 아이를 판단해 버리기 쉽습니다.

어른과 마찬가지로 아이도 사회에서는 집단생활을 하며 다른 사람과 비교당하거나 스스로 잘하는지 못하는지 다른 사람과 비교해봅니다. 굳이 비교하는 환경을 만들지 않더라도, 비교하는 환경에 있고 싶지 않더라도 사람으로 살아가는 한 평가를 받게 되고 그것에 신경을 쓰는 경우가 생기게 됩니다.

반면 부모는 '돈을 벌어오면 좋은 부모', '요리를 해주면 좋은 부모'라거나 '회사에서 해고당하면 나쁜 부모', '아파서 밥을 해주지 못하면 나쁜 부모'라는 식으로 평가받지 않습니다.

착한 아이라는 기준이 '부모의 관점에서 붙인 조건은 아닌지' 고민해봅시다. 부모를 힘들게 하는 아이의 반응은 사실 성장 단계에서 흔히 하는 행동인지도 모릅니다. 아이의 대략적인 성장 과정도 덧붙여서 알아두면 좋습니다.

아이의 성장 과정별 행동 특징

1세: 의존기

툭하면 울고
낯을 많이
가린다.

2세: 보행·이동기

엄마한테 딱 달라붙어서
어리광을 피우고
뭐든지 만지고 싶어 한다.

3세: 자아 형성기

"싫어 싫어.",
"이게 뭐야?"라는 말을
무한 반복한다.

4세: 언어 폭발기

뭐든지 혼자서 하려 하며
장난감 쟁탈전을
자주 벌인다.

5~7세: 놀이·사회성 발달기

호기심이 왕성해지고
친구들을
매우 좋아한다.

궁지에 몰린 부모가 화를 낸다

아이가 말을 듣지 않는다고 해서 바로 화를 내며 야단치고 때리는 부모는 없습니다. "아무리 말을 해도 듣지를 않으니 점점 화가 치밀어 오르다가 결국 아이를 혼내고 만다."고 엄마, 아빠들은 말합니다.

좋은 말로 타이르듯 몇 번이나 말했는데도 아이가 말을 듣지 않으면 "왜 이렇게 말을 안 들어! 한 대 맞는다!" 하고 목소리가 올라갑니다. 마음속 '화'란 조금씩 쌓이다가 폭발하기 마련입니다.

육아 정보지 〈미쿠〉에서 실시한 설문 조사에서 "언제 아이를 야단치거나 때리고 싶어집니까?"라는 질문에 부모들은 다음과 같이 대답했습니다.

- 아무리 애써도 울음을 그치지 않을 때
- 밥을 씹지 않고 넘길 때
- 소중한 물건을 망가뜨릴 때

- 열심히 밥을 만들었는데 먹지 않고 장난만 칠 때

아이가 있는 가정이라면 흔한 일입니다. 아이가 이렇게 행동할 때면 부모는 자신도 모르게 야단을 치고 매를 듭니다. 하지만 시간이 지난 후에 그 상황을 되돌아보면 그때 왜 그랬을까, 꼭 혼내야만 했을까 하는 생각이 드는 경우도 적지 않습니다. 또 이런 대답도 있었습니다.

- 아이가 지나치게 흥분해서 소리 지르고 돌아다니기에 주의를 환기시키려고
- 하면 안 된다는 말을 못 알아들어서 순간적으로
- 위험한 행동을 해서 주의를 줬는데도 장난만 칠 때
- 같은 일로 몇 번이나 주의를 줬는데도 듣지 않을 때

부모들은 주로 아이의 흥분을 가라앉히기 위해서나 하면 안 되는 행동을 저지하기 위해서 아이를 야단치거나 때리고 있었습니다. '야단치고 때리는' 것은 즉효성이 있는 행위입니다. 깜짝 놀라거나 무서워서 일단 그 행동을 멈추기 때문입니다. 하

지만 정말로 야단치고 때리는 선택지밖에 없었는지 이번 기회에 다시 한 번 생각해야 합니다.

아이를 야단치고 때릴 때는 대부분 부모도 곤란한 상황에 처한 경우가 많습니다. 부모 자신이 궁지에 몰리다 보니 순간적으로 욱해서 야단치는 경우가 적지 않은 것입니다. '순간 나도 냉정함을 잃었다', '아이도 옳지 못한 행동을 했지만 나도 필요 이상으로 아이를 혼냈다'와 같은 의견들을 살펴보면 곤란한 상황에 처했던 부모의 마음도 전달됩니다.

아이를 야단치고 때렸다면 '정말 아이를 때릴 필요가 있었는지' 그리고 '왜 아이를 때리고 싶었는지'를 과거의 자신에게 물어봅시다. 대답 안에 해결의 실마리가 숨어 있습니다.

왜 아이를 야단치거나 때렸을까?

* 아이를 혼냈을 때의 감정을 되돌아보고 속마음을 솔직하게 기록해봅시다.

스트레스 받은 아이는 위험하다

"안 돼!", "하지 마!", "왜 그렇게 바보 같은 말을 해?" 등 자신의 행동을 금지하는 말만 잔뜩 듣는다고 생각해봅시다. 어떤 기분일까요? 감정과 행동을 억압당하고 기분이 나쁘며 힘이 빠질 것입니다. 하고 싶은 일이 있어도 '또 안 된다고 하겠지', '어차피 허락 안 해줄 거야'라고 생각하겠지요. 부모에게 늘 안 된다는 말만 들어왔기 때문입니다.

물론 아이도 처음에는 "이거 해보고 싶어." 혹은 "이렇게 하면 어떻게 돼?"라며 부모에게 이런저런 제안을 해봤을 것입니다. 하지만 늘 엄마, 아빠에게 부정당하거나 무시당해 왔다면 더 이상 상담이나 제안을 하지 않습니다. 또한 "뭔가 해보고 싶다."라거나 "이건 어떻게 되는 걸까?" 등 의욕을 가지고 도전하거나 탐구하려는 자세를 잃어버리게 됩니다.

이것은 육아에서 매우 중요한 포인트입니다. 어차피 잘 모르니까, 판단이 미숙하니까 등의 이유로 부모가 모든 것을 결정하고 부모의 말만 따르게 하다 보면 아이는 자기가 하고 싶은 일을 실현시키기 위해 나름대로 여러 가지 방안을 짜내기 시작합니다. 물론 아이 스스로 궁리해서 좋은 방향을 찾아낸다면 다행입니다. 문제는 자칫하다가 비행 청소년이 되거나 친구와의 갈등으로 이어질 가능성이 있다는 점입니다.

실제로 다음과 같은 일이 있었습니다. 부모에게 용돈을 조금씩 받아 쓰던 한 여중학생이 꼭 갖고 싶은 물건이 생기자 '어떻게 하면 좋을까?'라는 글을 인터넷에 올렸습니다. 여자아이는 본 적도 없는 사람들에게 조언 받은 대로 아무런 악의 없이 자신의 속옷을 팔아 돈을 모았다고 합니다. 그 여자아이는 매우 평범한 아이였고 부모는 이 일로 커다란 충격을 받았습니다. 이처럼 아이들은 자신의 마음을 바로 들어주고 이해해주는 사람을 찾으려고 합니다. 그러다 보니 간혹 나쁜 사람을 만나거나 위험한 장소에 가는 경우가 생깁니다.

어릴 때는 부모가 때리고 야단치고 못 하게 하니까 어쩔 수 없이 말을 듣지만 사춘기가 되면 아이의 힘이 세지기 시작합니다. 부모보다 아이의 힘이 세지면 지금까지 쌓였던 스트레스를 폭발시키는 경우도 있습니다. 아이의 스트레스가 안으로 향하면 가정 폭력이라는 형태로 나타나고, 밖으로 향하는 경우에는 학교에서 친구를 따돌리거나 누군가를 때릴지도 모릅니다. 혹은 자기긍정감이 낮아서 무기력해지면 자해나 자살을 시도할 위험도 있습니다.

따라서 먼저 부모가 아이의 마음을 이해하고 받아들여 주는 것이 가장 중요합니다. 부모가 나를 '지켜주고 있다', '이해하려고 노력하고 있다', '응원해주고 있다'고 느끼면 사춘기가 되어 말을 거의 하지 않더라도 무슨 일이 생겼을 때 부모에게 먼저 상의할 것입니다.

화만 내는 부모가 키운 아이의 미래
어릴 때부터
안 돼.
그만.
억압받고
지배당하고
너 혼나고 싶어?
하지 마!
엄마 말 들어야지.
이렇게 해!
맞고 자라면
이 형편없는 자식!
왜 그런 짓을 한 거야?
아이의 스트레스는 마음속에 쌓여 부글거리다가
언제 어디에선가 폭발해버린다.
젠장, 더는 이딴 집구석에서 살 수 없어!
훔친 오토바이

육아에 필요한 3가지 기준

야단치지 않고 때리지 않는다

"남편이 엄하게 가르치라고 해서요."

"시어머니가 야단치고 때리는 것도 필요하다고 하세요."

이처럼 "사실 나는 아이를 때리고 싶지 않은데 어쩔 수 없이 아이를 때려왔다."고 말하는 엄마들이 있습니다. 제 강연에서 "야단치지 않는다, 때리지 않는다고 정합시다."라고 말하면 엄마들은 마음을 놓으며 후련한 얼굴로 "때리지 않아도 되는군요!"라고 말하기도 합니다.

아이를 키울 때 '야단치기', '때리기'라는 선택지가 있으면

'어느 정도 말을 듣지 않을 때 야단쳐야 할까?', '어느 정도의 강도로 때려야 할까?' 고민하게 됩니다. 또 '아이가 말을 듣지 않는 건 너무 약하게 혼내서가 아닐까?', '좋게 이야기하는 거로는 못 알아듣지 않을까?'라고 생각하며 야단치고 때리는 강도가 더 심해지는 경우도 있습니다.

자기도 모르게 아이를 때렸다가 아이가 쓰러지는 바람에 머리를 모서리에 부딪쳐 중상을 입거나 의자에서 떨어지고 계단에서 구르는 등 큰 사고로 이어진 사례가 있을 정도입니다. 자칫하면 아이가 평생 짊어져야 하는 장애를 얻을 수 있으며 부모는 가해자가 되는 것입니다. 단 하루, 아이를 때린 그 순간이 부모로서 평생 잊을 수 없는 날이 될 수도 있습니다.

야단치지 않고도 아이를 키울 수 있으며 화내지 않는 편이 아이의 자기긍정감을 높이는 데 도움이 된다면 그쪽을 선택해야 하지 않을까요? 물론 '야단치지 않는다, 혼내지 않는다'고 정하기를 어렵게 느끼는 사람도 있을 겁니다. 곧바로 실천하기가 힘들다면 "오늘은 화내지 않고 아이를 대했어." 하며 조금씩 자신에게 주는 동그라미(○) 표시를 늘려봅시다. 아이를 야단치지 않은 날에는 공책이나 수첩에 동그라미 표시를 해두는 것도 좋은 방법입니다.

'화내지 않기'로 정해두면 곤란한 상황이 닥쳤을 때 엄마, 아빠는 아이의 감정을 파악하려 하거나 아이와 대화를 시도해서 문제를 해결하려고 노력합니다. 이 과정에서 아이도 엄마, 아빠에게 자신의 마음을 전달하거나 상담하면서 어떻게 하면 좋을지 스스로 생각하게 됩니다. 부모가 아이의 감정을 이해하려고 노력하면 아이도 부모가 자신을 소중히 여기고 있음을 느끼는 것입니다. 또 어떻게 하면 좋을지 대화를 나누는 동안 아이의 커뮤니케이션 능력과 사고력도 올라갑니다. 이와 같은 경험을 차곡차곡 쌓아가다 보면 부모 자식 간의 유대감도 깊어지게 됩니다.

이
놈의 자식!
기특한 내 아이...

강하게 키우려고 체벌하지 않는다

큰소리 내지 않는 육아에 대해 강연할 때면 자주 듣는 말이 있습니다. "아이가 말을 듣지 않으면 아빠가 화가 나서 야단치고 혼내려고 해요.", "아빠가 때로는 때려서라도 가르쳐야 한다고 말해요."라는 엄마들의 증언입니다. 이어서 "저는 야단치고 싶지 않지만…." 또는 "아이가 맞는 모습을 보고 싶지 않아요."라고 덧붙입니다.

자신은 야단치지 않고 때리지 않고 아이를 키우고 싶지만 남편이 득달같이 아이를 야단치거나 작은 일로도 쉽게 화가 나서 아이를 때린다며 고민하는 엄마들이 있습니다. 이는 아빠의 사고방식과도 관계가 있지만 자세히 들여다보면 아빠가 어릴 때 어떻게 성장했는가와 관련이 깊습니다.

아이가 어린 경우 남자아이가 여자아이보다 거칠게 다뤄지는 경향이 있습니다. 남자아이가 여자아이보다 움직임이 심하고 활동적인 경우가 많기 때문이지요. 하면 안 되는 행동을 저지하기 위해 야단치고 때려서 행동을 멈추게 해야 하는 상황이 많을 수밖에 없습니다.

또한 남자아이는 '엄하게 키워야 한다'고 생각하는 엄마, 아빠가 많습니다. 이는 사회문화적 통념상 젠더(사회, 문화적 성별)를 둘러싼 선입견이 강해서이기도 하고, 리더 역할은 남자가 맡아야 한다고 무의식적으로 생각하기 때문입니다. 남자아이의 경우 '제대로 키워야 한다'는 부모의 의식이 더 강해지는 셈입니다.

남자아이와 여자아이를 함께 키우는 부모에게 '딸에게는 야단치거나 손을 대는 일이 없었는데 아들은 때린 적이 있다'는 이야기를 자주 듣습니다. 즉, 부모의 어린시절에 아빠가 엄마보다 맞으면서 자랐을 확률이 높습니다. 아빠들은 부모에게 야단맞고 때로는 맞기도 하면서 자라왔기 때문에 '우리 아이도 엄하게 키워야 한다, 때로는 때릴 필요도 있다'는 생각을 엄마보다 더 많이 가지고 있습니다.

여유가 있을 때 부부만의 시간을 만들어 아빠의 어릴 적 이야기를 들어보면 어떨까요? 사실 어릴 때 부모에게 맞으면서 자란 사람의 비율은 꽤 높습니다. 부모에게 맞아본 경험이 없는 사람은 "이렇게나 많은 사람이 맞으면서 자랐나요?" 하고 놀랄 정도이지요.

맞아본 경험이 없는 사람은 대부분 자신의 '아이를 때린다'는 선택지 자체가 없습니다. 야단맞고 때로는 맞으면서 자란 아빠의 어린 시절을 부정하지는 말고 여자아이보다는 남자아이가 맞으면서 자라는 경향이 있다는 사실을 아빠에게 전달해 보세요. 또 "야단치거나 때려서 위압감과 공포감을 주어 아이의 행동을 통제하기보다는 아이 스스로 생각해서 행동하는 편이 좋다."는 점을 부부가 함께 꼭 이야기 나눠봅시다. 만약 엄마가 직접 전달하기 어렵다면 부부가 함께 육아 관련 강좌를 듣는 방법도 좋습니다. 아빠가 훈육에 대해서 생각해보는 계기가 될 것입니다.

드물지만 할머니, 할아버지가 아이를 때려서 훈육해야 한다고 강요하는 경우도 있습니다. "나는 아들을 때리면서 키웠다. 아이는 엄하게 가르쳐야 하는 법이다."라고 말이지요. 멀리 떨어져 살면서 일 년에 몇 번 명절 때만 만나는 경우라면 "네, 그렇죠."라고 흘려들으면 그만입니다. 하지만 같이 사는 경우라면 아이가 (어른의 입장에서 봤을 때) 그릇된 행동을 하는 모습이 조부모의 눈에도 자주 들어오기 마련입니다.

할아버지, 할머니가 직접 아이를 야단치고 화를 내며 때리는 경우가 많다면 "우리 집에서는 야단치거나 때리지 않고 아이를 키우고 싶습니다."라고 확실히 전달해서 육아의 주체는 부모임을 똑똑하게 알려둘 필요가 있습니다.

Step 3에서 다룰 '아이를 대하는 4단계 과정'에 따라 엄마, 아빠가 먼저 아이를 대하는 모습을 보여주면 할아버지, 할머니도 아이를 어떻게 대하는 것이 좋은지 이해할 수 있습니다. 조부모가 아이의 기분을 세심하게 관찰하며 대응해 주었을 때는 "아버님이 ○○의 기분을 잘 파악해서 조언해준 덕분에 ○○의 행동이 이렇게 바뀌었어요!"처럼 큰 도움이 되었다는 점을 꼭 전달해보세요. 아이를 대하는 방식과 마찬가지 방법으로 할아버지, 할머니에게 다가가는 것입니다. 조부모가 부모의 말에 따라서 아이를 대해주었다면 이에 감사하는 마음을 표현해봅시다. 할아버지, 할머니가 아이를 대하는 방식이 자연스레 바뀔 것입니다.

단호함과 화내는 것은 다르다

먼저 모성적으로 대하라고 말하면 아이의 감정에 공감해주고 아이를 따뜻하게 지켜주기만 하다가 "아이가 응석받이가 되는 건 아닐까요?"라고 걱정하는 분이 있습니다. 모성적인 대응 즉, '다정하게 대하는 것'은 아이의 마음에 공감해주고 이를 인정해주는 행위입니다. 아이의 마음을 있는 그대로 받아들이고 '괜찮다'며 등을 두드려주는 것입니다. 아이의 마음이 약해졌을 때 '토닥여주는 것'도 모성적인 대응입니다. 이는 단순히 '응석을 받아주는 것'과는 의미가 다르지요.

엄마가 '다정하게 대해주면' 아이는 안심하고 안정되며 만족감을 느낍니다. 그러면 아이는 다시 시작할 힘이 생깁니다. 마음을 이해받았다고 느낀 아이는 '그럼 이제 어떻게 하면 좋을까?' 하고 다음 행동을 생각하기 시작합니다.

반면 '응석을 받아주는 것'은 뭐든지 아이 말대로 해주는 것을 말합니다. 아이 마음에 공감해줄 뿐 아니라 행동까지 허락하는 경우입니다. 예를 들면 "으앙~!" 하고 울거나 떼를 부리면 부모가 귀찮은 마음에 "알았어, 네 마음대로 해." 하고 넘어가 버립니다. 과거에 한 번 "안 돼!"라고 말했었는데도 말이지요. 이러면 아이는 판단 기준을 잃어버립니다. "이것도 될까?", "이건 어떨까?"라며 항상 무리한 요구를 하고 부모의 반응을 시험하려 듭니다. 이것이 지속되면 아이의 마음이 불안정해지고 점점 떼가 심해져서 부모가 수습하기 어려워지고, 더욱더 아이 다루기가 힘들어집니다.

'단호한 것'과 '화내는 것' 역시 다릅니다. '단호한 것'은 해서는 안 되는 행동 기준을 알려주는 것입니다. 아이에게 이렇게 하면 안 된다는 기준을 세워주어야 합니다. 이에 반해 '화내는 것'은 부모의 감정을 폭발시키는 행위입니다. 부모의 감정 기복에 따라 그때그때 화내는 이유와 시점이 달라집니다. 불합리한 이유로 꾸지람 당하면 아이는 무엇이 잘못된 행동인지 판단할 수 없게 되고 마음이 불안해집니다. 이런 경우 아이는 부모가 또 화를 낼까봐 눈치를 보거나 부모의 비위를 맞추려고 할지도 모릅니다. 부모와 아이의 관계가 이렇게 굳어지면 아이는 스스로 생각해서 행동하기가 어려워집니다.

아이가 응석 부리고 싶어 할 때는 확실히 응석을 받아주어 만족감을 주되, 해서는 안 되는 행동을 한다면 "안 돼!"라고 단호하게 말해야 합니다. 이와 같은 상호작용이 반복되면서 아이는 스스로 마음의 기반을 닦을 수 있습니다.

'다정하게 대하는 것'과 '응석을 받아주는 것'의 차이

다정하게 대하는 것	응석을 받아주는 것
부모가 아이를 보호해주고 안정감을 준다	뭐든지 아이의 말대로 해준다

부모가 아이의 말에 공감해주고 마음을 있는 그대로 받아들인다	그때그때 판단 기준이 달라진다

아이가 만족감을 느끼면 마음이 강해진다 다시 시작할 수 있다는 용기를 얻는다	아이 마음이 불안정해진다 항상 애정을 확인하려 한다

'단호한 것'과 '화내는 것'의 차이

단호한 것	화내는 것
부모가 행동 기준을 제시한다	부모의 스트레스가 폭발한다

아이가 하면 안 되는 행동을 배운다 (혼나는 경우가 줄어든다)	그때그때 행동 기준이 달라진다
 잘한 행동은 칭찬한다	
아이가 장소에 맞는 행동을 배운다	아이 마음이 불안정해진다 엄마가 화내지 않을까 눈치를 본다

아이에 대한 이해가 필요하다

모성·부성의 조화가 포인트다

육아에는 모성과 부성이 필요하다고 합니다. 모성이란 앞에서 나왔던 '아이의 감정을 이해해주는 마음'입니다. 아이를 있는 그대로 받아들이고 따뜻하게 대해주는 것이지요. 아이의 기분을 맞춰주고, 아이의 마음이 바뀌지 않거나 진정되지 않을 때 진정될 때까지 기다려주며, 아이가 위험하지 않도록 보살펴주는 행동 모두 모성적인 대응이라고 할 수 있습니다. 부성은 사회성과 관련됩니다. 세상을 보는 시야를 넓혀주고 사물을 객관적으로 보도록 하며 규율, 역할, 의무, 책임을 가르치는 일입니다.

명심해야 할 점은 엄마가 모성을, 아빠가 부성을 지녀야 하는 게 아니라는 것입니다. 아이를 키울 때는 모성적 관계와 부성적 관계 모두가 필요하다는 점이 포인트입니다. 그런데 엄마가 거의 혼자서 아이를 키우는 경우라면 부성이 강해지기 쉽습니다. 부성이 모성보다 먼저 발현되는 경향이 있기 때문입니다. '제대로 키워야 해', '사회에 적응시켜야 해' 등 이런저런 것들을 가르쳐야 한다는 마음이 앞서 버립니다.

부성(이렇게 해야만 한다는 사고방식)이 전면에 드러나면 아이의 행동을 통제하려는 경향이 강해져 '말을 듣지 않는 아이를 자기도 모르게 야단치고 감정적으로 공격하는 일'이 많아집니다. 먼저 모성적으로 대하며 아이의 감정을 파악하고 이해한 다음, 육아 문제 상황에서 어떻게 하면 좋을지 부성적으로 접근해 아이와 문제를 함께 해결해 나가는 것이 좋습니다.

육아에는 모성과 부성 두 가지가 필요하다

엄마가 모성을, 아빠가 부성을 지닐 필요는 없지만
'모성'→'부성'이라는 순서가 중요합니다.

'있는 그대로'를 받아들이고 따뜻하게 대해주는 것
아이의 기분을 맞춰주고 기다려주는 것

사회성.
'규율, 역할, 의무, 책임'을 가르치는 것

아이 감정을 돌보는 게 먼저다

"아니야!", "싫어!"

아이가 사사건건 이런 반응을 보이면 엄마도 그만 질리고 맙니다. 아이의 기분을 맞춰주는 것이 중요하다는 것은 알고 있지만 "아니, 도대체 왜?"라고 말하고 싶어지지요. 예를 들어 바쁜 와중에 모처럼 공원에 데려가려고 "신발 신자."라고 말했는데 "싫어!"라고 하면 울컥하고 화가 오릅니다.

하지만 아이가 "싫어!"라고 말하는 데에는 나름의 이유가 있습니다. 아이가 이유를 말하지 못한다면 "그래? 이 신발이 신기 싫은가 보구나." 혹은 "좀 더 집에서 놀고 싶어서 신발 신고 공원에 가기 싫은 거야?"처럼 싫다는 '아이의 마음'을 말로 표현해보세요. 엄마가 아이의 마음을 자주 말로 표현해주면 아이가 자신의 마음을 조금씩 언어화하는 데 도움이 됩니다.

대답을 듣고 난 후 어른의 입장에서 '왜 싫은 거지?' 또는 '고작 그런 이유로?'라고 생각하게 될 수도 있습니다. 그럼에도 우선은 "지금 마음이 그렇구나." 하며 꾹 눌러 참고 아이의 감정을 받아들이는 것이 중요합니다.

비록 피는 섞여 있지만 아이와 부모는 다른 인격을 가진 사람입니다. 다른 사람의 생각에 공감하지 못할 때도 있는 법이지요. 공감하지 못하더라도 일단 인정해주면 아이는 '엄마가 자신의 마음을 받아들여 주었다', '나를 소중하게 대해주었다' 하고 생각합니다. 이는 아이의 자기긍정감과도 연결됩니다.

공감하기 힘든 일에는 마음과 행동을 별개로 생각해봅시다. “싫어!”라는 아이의 감정은 이해해주되 “그래, 그럼 신지 않아도 돼!”라고 이어지게 하지는 말자는 것입니다. 물론 상황이 허락한다면 신발을 신지 않을 수도 있습니다. 유모차를 타고 간다거나 차에 탈 때까지만 안아주는 방법도 있습니다. 하지만 반드시 신발을 신어야 한다면 “○○의 기분은 알겠어. 하지만 맨발로 나가면 발이 아파. 뭔가 잘못 밟으면 상처가 날지도 몰라. 그러니까 신발 신고 나가자.” 하고 신어야 하는 이유를 설명해서 행동을 유도할 수 있습니다.

STEP 2

나쁜 부모는 있어도 나쁜 아이는 없다

부모가 먼저 만드는 긍정적 습관

화내는 포인트를 찾는다

화를 폭발시키지 않으려면 자신이 언제 쉽게 화가 나는지 알 필요가 있습니다. 아침에 컨디션이 좋지 않고 저혈압이어서 쉽게 화가 난다든지, 잠이 부족할 때나 바쁠 때, 시간이 한정되어 있을 때 화가 나는 등 감정적 상황은 사람마다 다릅니다. 제 경우에는 배가 고플 때 집중력이 떨어지거나 짜증이 납니다. 이처럼 자신이 쉽게 화가 나는 상황을 정확하게 아는 것이 좋습니다. 공책이나 수첩에 자신이 언제 화를 내는지 한번 적어보는 것을 추천합니다.

자신이 언제 화를 잘 내는지 알아 두기만 해도 '아 지금은 내가 화를 쉽게 낼 때구나' 하며 조금은 냉정해질 수 있습니다.

대처할 수 있는 상황이라면 대책을 세워 둡시다. 저처럼 배가 고플 때 화가 난다면 식사 시간은 반드시 규칙적으로 지키고 밥을 먹지 못할 때를 대비해서 간단히 먹을 수 있는 간식을 가지고 다니는 방법도 있습니다. 화내는 원인이 수면 부족에 있다면 시간제 보육 서비스 등을 이용하여 아이를 잠시 맡기고 낮잠을 자서 수면 시간을 확보해둘 수 있습니다.

주로 집안일이 많아 바쁠 때 화가 난다면 남편이나 아내와 분담할 수 있는 일은 없는지 함께 고민해봅시다. 둘 다 시간적 여유가 없다면 식기세척기나 자동청소기 등을 구입하는 것도 하나의 방법입니다. 경제적으로 여유가 있다면 정기적으로 가사 도우미를 이용하는 방법도 있습니다. 또 때에 따라서는 오늘은 식사 준비할 시간이 없으니 반찬을 사 먹자거나 배달 음식을 먹거나 외식을 하는 등의 방법을 권합니다.

직장에 다니는 경우 일이 바빠 집에서 보내는 시간이 없다 보니 짜증이 쉽게 난다면 일찍 퇴근하거나 일을 더 효율적으로 빠르게 처리하는 방법 등을 차근차근 찾아보는 것이 좋습니다.

정신없는 아침 준비 시간에 아이도 챙겨야 해서 시간이 오래 걸린다면 조금 더 일찍 일어나 시간을 여유롭게 써 봅시다. 화가 나면 쓸데없이 시간이 더 걸리고 허둥대다 깜박 잊어버리는 물건도 생길 수 있으니까요.

이처럼 자신이 쉽게 화가 나는 상황을 알고 미리 대책을 세워 두는 게 중요합니다. 원래 초조하고 짜증 날 때 쉽게 화내기 때문입니다. 아이의 작은 행동에도 곧바로 분노가 폭발해 버리지 않도록 사전 작업이 필요합니다. 평소에 되도록 화내

지 않는 생활을 해보겠다고 마음먹어봅시다.

말하기 전에 먼저 아이의 의견을 듣는다

부모는 아이가 스스로 생각해서 행동하기를 바라면서도 아이에게 "어떻게 생각해?"라고 묻지 않는 경우가 의외로 많습니다. 지시가 아니라 "그럼 이렇게 하면 어떨까?" 하고 제안하려는 의도일 수도 있습니다. 그러나 결과적으로 보면 부모의 생각대로 아이가 움직이도록 유도하는 것과 같습니다.

부모는 자기도 모르게 "여기서는 이렇게 하는 것이 좋아."라며 지금까지의 경험을 토대로 얻은 자신의 대답을 아이에게 제시하기 쉽습니다. 하지만 아이에게 물어보면 나름대로 해결책을 가지고 있는 경우도 많습니다. 물론 부모가 보기에 그다지 좋은 해결책이 아닐지도 모릅니다. 그렇더라도 아이가 '스스로 생각해 보는 일'은 매우 중요합니다. 어른처럼 정리된 언어로 표현하지 못하고, 설령 해결 방법을 찾지 못하더라도 스스로 생각해보는 행동이 자리 잡아가기 때문이지요.

아이가 스스로 생각해서 해봤는데 잘 되지 않았다면 또 다른 방법으로 도전해보면 될 일입니다. 실패했다면 '예전에 이런 일이 있었을 때 이렇게 해봤지만 잘 되지 않았다'는 경험치가 쌓입니다. 이러한 경험을 토대로 '이번에는 이렇게 해보자'라며 다시 새롭게 도전할 방법을 생각해서 유연하게 행동할 수 있습니다. 부모는 자기도 모르게 아이가 넘어지려 할 때 손을 내밀고 맙니다. 하지만 넘어지기도 하고 무릎이 깨져보기도 해야 아이는 다양한 경험을 쌓아가면서 성장해 가는 법입니다.

말이 트이기 시작하는 4세 전후의 아이라면 "어떻게 하면 좋을까?", "어떻게 하고 싶어?"라고 질문을 던져주었을 때 아이 나름대로 열심히 생각해서 "이렇게 하고 싶어!", "이런 식으로 해 볼래." 하고 말해줄 것입니다. "모르겠어."라고 말한다면 "이런 방법도 있고 또 저런 방법도 있어."라며 선택지를 제시해주고 아이가 스스로 고르도록 해봅시다.

말을 걸어주면 아이는 스스로 생각하는 습관을 들입니다. 항상 지시형으로 말하면 아이는 스스로 생각해볼 기회가 없기 때문에 자신의 생각을 갖지 않게 되는 경향이 있습니다.

"어떻게 하면 좋을까?"라고 물어봐 주면 아이는 늘 자신의 마음을 마주 대할 수 있습니다. 아이가 커서 사회생활을 할 때, 신중히 고민해서 결단을 내려야 하는 상황에 놓일 경우 필요한 마음의 토대도 쌓을 수 있습니다.

실수해도 억지로 책임을 묻지 않는다

아이가 엄마를 도우려다가 잘못해서 컵을 깨뜨렸다고 가정해보겠습니다.

"컵을 그렇게 드니까 떨어뜨리지!"

"쓸데없는 짓 하지 말고 가만히 있어!"

이와 같이 말하면 아이는 더 이상 엄마를 돕고 싶은 마음이 생기지 않습니다. 사실 일부러 컵을 깨뜨린 경우가 아니라면 아이를 혼낼 필요가 없습니다. 컵이 떨어져 "아!" 하는 순간 아이도 '이런, 큰일 났다!'라는 기분을 느끼기 때문입니다.

컵이 깨졌다면 위험하니 엄마나 아빠가 일단 깨진 컵 조각을 정리해줍니다. 그다음에 물 등 쏟아진 내용물을 아이와 함께 행주로 닦습니다. 먼저 "이렇게 닦으면 돼."라고 행동 방법을 보여준 다음 아이가 하도록 도와주는 것이 좋습니다.

이는 '실수하면 이렇게 뒷정리를 하면 된다'는 경험으로 이어집니다. 아이가 실수했다면 부모가 함께 뒷정리와 뒷수습을 해보세요. 그리고 "다음부터 컵은 이렇게 들어야 해." 등 양손으로 컵을 들고 떨어뜨리지 않도록 쥐는 방법을 알려주고 함께 연습해봅시다. 분명 아이는 다음부터 주의를 기울여 컵을 들 것입니다.

야단치거나 한숨짓기보다는 "다음부터는 이렇게 하면 돼."라고 방법을 알려줍니다. 다만 아이의 마음이 쉽게 가라앉지 않을 때는 쏟아진 물을 닦으며 책임을 지는 행동을 하기 어려운 경우도 있습니다. 또 속으로는 잘못했다고 생각할지라도 선뜻 "미안해요."라는 말을 입 밖으로 내지 않을 수도 있습니다. 이럴 때는 억지로 그 장소에서 책임을 물을 필요는 없습니다. 아무리 해도 아이의 마음이 가라앉지 않는다면 "이번에는 엄마가 쏟아진 물을 닦을게. 좀 진정되면 컵을 부엌에다 갖다 놓으렴." 하고 의사를 전하기만 해도 괜찮습니다.

엄마의 말이 아이를 변화시킨다

좋은 행동을 하면 충분히 칭찬한다

우리나라는 겸손을 미덕으로 여깁니다. 그래서인지 엄마들끼리 모여 이야기를 나눌 때 "우리 애는 옷 입는 게 느려서 정말 큰일이에요."처럼 아이의 문제점을 경쟁하듯 털어놓기도 합니다. 누군가 자신의 문제점이나 못하는 일에만 주목하면서 이를 지적하면 기분이 어떨까요? 물론 자신에게 문제가 있다는 것은 알지만 늘 혼나고 무시당한다면 어떻게 될지 생각해봅시다.

아이의 문제점만 지적하면 아이의 머릿속에는 '나는 못난 아이', '형편없는 아이'라는 생각이 가득 차 버립니다. 이렇게 해도 혼나고 저렇게 해도 혼나고 매일같이 꾸지람만 듣다 보면 아이의 머릿속에는 혼나는 상황에 대한 기억만 남는 것입니다. "실패하면 안 돼."라는 말을 들으면 실패하면 어쩌지, 실패하면 혼나지 않을까 신경이 쓰여 자신감을 가지고 스스로 행동하기가 어려워집니다.

반대로 잘한 일이나 좋은 행동을 칭찬받으면 '이렇게 하면 되는구나', '이렇게 하면 엄마, 아빠가 좋아하는구나', '이렇게 하면 엄마가 편하구나'와 같이 칭찬받는 상황에 대한 기억이 뇌 속에 강하게 자리 잡게 됩니다.

부족한 점을 긍정적으로 바라본다

아이든 어른이든 칭찬을 받으면 기분이 좋아집니다. 좋은 행동을 인정해주면 좋은 행동이 점점 늘어갑니다. 또한 엄마, 아빠가 생각하는 아이의 문제 행동이 관점에 따라서는 아이만의 독특한 개성이 될 수도 있습니다. 그러므로 긍정적인 사고방식으로 아이를 바라보는 것이 필요합니다.

부족한 부분을 긍정적으로 바라보기

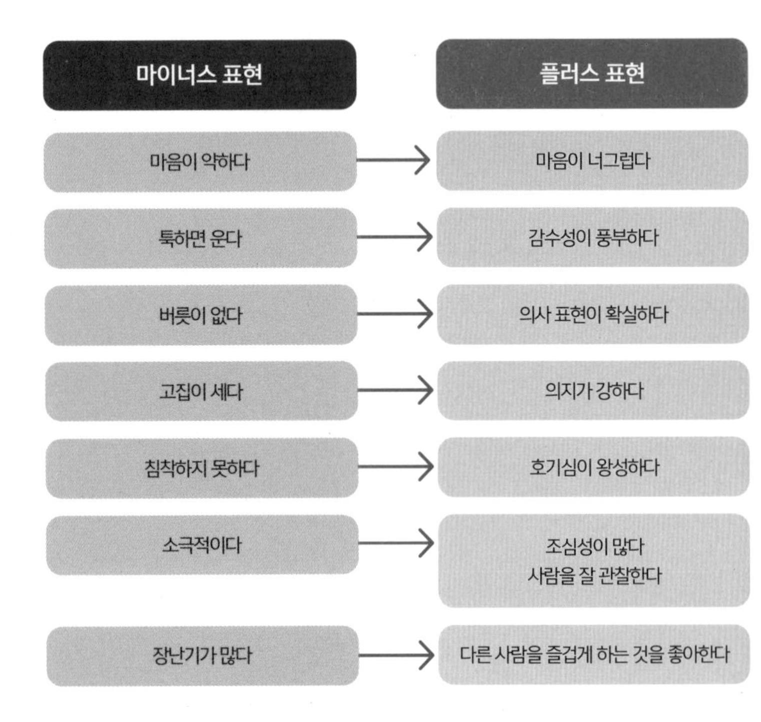

관점을 바꿔서 생각하는 방법을 '리프레이밍[Reframing]'이라고 합니다.
위 표현을 참고해 아이의 문제 행동을 다른 각도에서 바라봅시다.

원하는 것을 구체적으로 말한다

엄마, 아빠가 아이에게 바라는 행동에 대한 지시가 불명확한 경우가 있습니다. 발달장애가 있는 아이에게 말을 할 때는 반드시 '구체적'으로 이야기해야 한다고 합니다. 예를 들어 "뛰지 마!"가 아니라 "걸어가자."라고 말하거나 "돌아다니지 마!"가 아니라 "여기에 앉아있자."라는 식입니다. '구체적으로 말하기'는 발달장애아뿐 아니라 모든 아이에게 알맞은 화법입니다.

아이가 소란을 피울 때 "시끄러워!", "조용히 해!"라고 고함치거나 "계속 떠들면 맞는다." 하며 겁을 주고 싶을 때가 있습니다. 하지만 아이들은 그런 말만으로는 '어떻게 해야 하는지' 이해하지 못합니다. 시끄러우니까 어떻게 행동하라는 것인지, 조용히 하라는 말은 어떻게 하라는 뜻인지 모르는 것입니다.

좀 더 직접적으로 말을 해야 아이는 쉽게 이해합니다. 가령 "잠깐 입을 다물어 볼까? 누가 제일 먼저 입을 다무는지 봐야겠다."라든가 "개미 목소리처럼 말해볼까?" 등 구체적으로 행동을 지시해주어야 아이가 이해할 수 있습니다.

이때 긍정적으로 말하는 것이 중요합니다. "뛰면 안 돼."라거나 "그렇게 하지 마."라는 말의 뜻은 알아도 어떻게 해야 하는지 모른다면, "~하자."라고 긍정적으로 해서 아이가 자신이 어떻게 해야 하는지 확실히 이해할 수 있도록 도와주어야 합니다.

아래와 같이 아이에게 구체적으로 말해봅시다.

- 뛰지 마 → 걸어보자
- 돌아다니지 마 → 앉아보자, 엉덩이를 바닥에 붙여보자

- 시끄러워, 떠들지 마 → 입을 다물어보자
- 큰소리로 말하지 마 → 개미 목소리처럼 말해보자
- (물건을 놓는 소리가) 시끄러워! → 살짝 놓아볼까? 부드럽게 놓아보자.

이와 같은 화법은 사고의 전환이 필요하기 때문에 엄마, 아빠의 사고방식을 바꾸는 데도 큰 훈련이 됩니다. 긍정적인 화법으로 바꿔 말하는 습관을 들이면 엄마, 아빠의 사고방식도 긍정적으로 바뀌므로 마음먹고 꼭 실천해봅시다. 그리고 아이가 엄마, 아빠의 지시대로 행동해주었을 때 "맞아, 잘했어.", "고마워.", "OK"라고 속으로 생각하게 될 것입니다.

다다다다-
코끼리처럼
천천히
걸어볼까?
개미처럼
작은 목소리로
얘기하자.

행동이 바뀌어야 모든 것이 바뀐다

혼내지 않아도 되는 환경을 만든다

화내지 않도록 부모 자신의 몸과 마음을 정비했다면 이번에는 생활환경에 눈을 돌려봅시다. 부모들을 만나면 "항상 혼내기만 하는 상황이 너무 싫어요."라는 말을 자주 듣습니다. 그래서 3살 아이의 엄마에게 "어떨 때 아이를 혼내나요?"라고 물었더니 "안 된다고 말하는데도 위험한 물건을 자꾸 만지려고 해요."라고 대답했습니다.

못 하게 했는데도 아이가 자꾸 위험한 행동을 하는 데에는 이유가 있습니다.

① 아직 이해를 못한다

위험하니까 만지면 안 된다고 듣긴 했지만 애초에 아이는 '위험하다'라는 말이 무슨 뜻인지 모를 수도 있습니다.

② 금방 잊어버린다

'엄마가 화를 내네', '하면 안 되는 거구나'라고 그 순간에는 이해하지만 금방 잊어버리고 또 같은 행동을 하는 경우입니다. 아이들은 아직 기억과 학습이 잘 되지 않는 시기라는 것을 잊지 마세요.

③ 엄마, 아빠의 반응이 재밌다

만지려고 할 때마다 안 된다며 엄마나 아빠가 다가오는 것이 재밌어서 놀이처럼 즐기는 경우도 있습니다.

④ 호기심을 참을 수가 없다

위험한 물건이 무척 마음에 들고 흥미롭기 때문입니다. 어른이 사용하는 모습을 보고 재미있어 보여서 자기도 해보고 싶다는 생각이 점점 커지다가 그만 손을 대고 만 케이스입니다.

이처럼 아이 입장에서 보면 위험한 물건이 아주 멋있어 보이거나 '뭘까?'라는 호기심을 자극해서 만져보고 싶기 때문에 자꾸만 손이 가는 것입니다.

위험한 물건은 열리지 않는 서랍 속에 넣어두거나 손이 닿지 않는 위치에 올려두는 등 아이가 만지지 않을 방법을 고민해봅시다. 다만 보이는 곳에 두면 아이가 물건을 달라며 손가락으로 가리키는 경우도 있고 주지 않으면 떼를 쓰거나 짜증을 부릴 수도 있습니다. 절대 아이가 만져서는 안 되는 물건이라면 눈에 아예 들어오지 않도록 해서 갈등을 피하는 것이 가장 좋습니다.

시장에 갈 때마다 아이가 과자를 사달라고 조르는 통에 힘든 경우도 적지 않습니다. 이때도 갈등 상황을 피하도록 노력해야 합니다. 예를 들면 과자를 파는 곳에는 가지 않는 것입니다. 과자가 눈에 보이면 사고 싶어지므로 되도록 슈퍼나 마트에서 장을 보지 말고 채소 가게나 정육점 등을 이용해서 장을 보는 방법입니다. 또는 시장에 가기 전에 "과자는 딱 하나만 사는 거야."라고 아이와 약속한 뒤 장을 보러 가는 방법도 있습니다.

계획에 맞는 시간 약속을 정한다

공원이나 놀이방에서 놀다가 "이제 가자!"라고 하는데도 아이가 좀처럼 갈 생각을 하지 않아서 난감할 때가 있습니다. 이때 부모는 '빨리 집에 가서 식사 준비를 해야 하는데…'라고 속으로 생각하게 됩니다. 또 집에서 아이가 놀고 있을 때 저녁 식사 준비가 다 되어서 "밥 먹어야 하니까 장난감 정리해."라고 말해도 아이는 계속 놀기 일쑤이지요. 부모는 '빨리 저녁 먹고 정리해야 하는데' 혹은 '저녁 먹고 목욕도 해야 하는데 점점 자는 시간이 늦어지잖아…' 하며 걱정합니다.

그렇다면 부모의 생각과는 반대로 아이의 마음은 어떨까요?

'하지만 장난감 가지고 노는 게 더 재미있는데.'

'조금만 더 하면 블록이 완성된단 말이야.'

'이제 막 재밌어지기 시작했는데 벌써 정리하라고?'

아마 속으로 이렇게 생각할 것입니다.

엄마, 아빠는 시간에 맞춰 구체적으로 어떤 것을 할지 계획하지 않아도 어느 정도 짐작하여 생활하는 것이 가능합니다.

하지만 아이는 자신의 시간에 틀을 만들 필요가 없기 때문에 재미있다면 계속 하고 싶어 합니다. 물론 놀이에 싫증이 날 때쯤 "그만 가자."라는 말을 듣는다면 "네!" 하고 솔직하게 응해주는 경우도 있긴 합니다.

하지만 아이의 입장에서 보면 부모의 제안은 갑작스러운 일입니다. 그래서 갑자기 그만 두라는 말을 들으면 쉽게 움직이지 않는 것입니다. 아이 나름의 속도로 놀고 있었는데 갑자기 그만두라고 말하면 놀이가 한창 재밌었던 아이는 순순히 받아들이기 어려운 것이지요. 그래도 부모 입장에서는 집안일 등 할 일이 산더미인데, 아이가 놀이를 끝낼 때까지 마냥 기다리거나 할 일을 하지 않고 넘어갈 수는 없습니다.

이럴 때는 미리 정확한 시간을 정해 말해주어야 합니다. "저녁 7시가 되면 밥 먹어야 하니까 조금만 더 놀고 장난감 정리해."처럼요. 아직 시계를 볼 줄 모른다면 "시곗바늘이 여기까지 가면 집에 갈 시간이야."라고 시계의 숫자에 손을 짚어 알려주는 것입니다. 사실 어른도 마찬가지입니다. 갑자기 저녁 때 "이 일은 오늘 중으로 끝내줘."라고 하기보다는 "내일 이런 일이 있으니까 마음의 준비해 둬."라고 미리 말해주는 편이 받아들이기 쉬우니까요.

잠시 떨어질 때도 아이에게 미리 알린다

"잠깐만 엄마가 보이지 않아도 크게 울어요. 화장실도 마음 편히 못 가요."라고 말하는 엄마가 많습니다. 갓 태어난 영아라면 아직 상황을 이해하기는 어렵겠지만, 되도록 아무 말 없이 사라지지 않는 편이 좋습니다. "엄마 잠깐 화장실 좀 다녀올게."라고 말하고, 갔다 와서는 "엄마 왔다!" 하고 아기에게 엄마의 상황을 알려주세요. 이렇게 반복적으로 말해주면 아기는 물론 '엄마가 화장실에 갔구나'까지는 인식하지 못하더라도 '엄마는 사라져도 금방 다시 나타난다'라고 자연스레 이해합니다. 엄마와 아이의 신뢰 관계가 쌓여서 아기가 엄마를 잠시 동안은 기다릴 줄 알게 되는 것입니다.

할머니나 할아버지가 돌봐주기로 한 상황이라면 아기를 맡길 때 "엄마 어디 어디에 다녀올게. 저녁때 올 테니까 조금만 기다려줘."와 같이 아직 이해하지 못하더라도 상황을 정확하게 설명해주세요. 사랑하는 엄마가 자기도 모르는 사이에 사라져버리면 아기는 매우 걱정합니다. 이대로 엄마를 영영 못 만나지는 않을까 두려움에 사로잡힙니다. 그래서 울고 칭얼거리는 것이지요.

아이가 말을 못 알아듣더라도 엄마, 아빠가 다른 곳에 갈 때는 아이에게 말하는 연습을 해봅시다. 부모의 모습이 보이지 않아도 꼭 돌아올 거라는 믿음이 생기면 아이는 안심하고 보낼 수 있습니다. 잠시라도 아이와 떨어질 때는 미리 말을 해주고 돌아왔을 때는 환하게 웃는 얼굴을 보여주는 것을 잊지 마세요.

화내기 직전에 쓰는 마음 진정법

앞서 말한 노력에도 불구하고 화가 끓어오른다면 어떻게 마음을 진정시킬 수 있을까요? 지금부터 화를 가라앉히는 구체적인 방법을 알아보려고 합니다. 화가 났을 때 우리의 모습은 어떤가요? 머리가 화끈거리고 얼굴과 몸은 한껏 달아오르는 데다 온몸이 뻣뻣하게 경직되고 움직임은 난폭해집니다. 저 역시 화가 났을 때 부엌일을 하다가 자꾸만 손을 미끄러트리고 음식을 여기저기에 흘려서 오히려 일이 커진 경험이 있습니다.

그럴 때 우리의 마음은 어떤 상태일까요? 분하고 속상해서 될 대로 되라지라는 생각도 들고 때로는 슬프기까지 합니다. 여유를 갖고 냉정하게 판단하거나 대응하기란 불가능하지요. 그런데 눈앞에서 아이가 소란을 피우고 있다면 감정을 아이에게 분출해버릴지도 모릅니다. 그 때가 바로 부모가 아이를 야단치고 때리고 마는 순간입니다.

큰아들이 3살쯤 됐을 때였습니다. 무언가 잔뜩 화가 나서 문을 "쾅!" 하고 있는 힘껏 닫았는데 하필이면 아들이 문 근처에서 있어서 자칫 잘못했다간 문틈에 아이 손이 끼일 뻔했습니다. 깜짝 놀라서 그제야 정신을 차렸던 기억이 납니다.

분노가 폭발하기 직전에 마음을 진정시키려면 어떻게 해야 할까요? 지금까지 실천해 왔던 저만의 방법도 함께 소개하려고 합니다. 화가 났을 때 아래 8가지 유형을 따라 해보고 마음을 가라앉히는 자신만의 방법을 찾아보세요.

① 심호흡을 한다

3초 정도 숨을 크게 들이쉬어서 배 안에 공기를 가득 넣은 다음 천천히 내뱉습니다. 긴장과 스트레스에 노출된 우리의 몸은 교감신경이 지배하고 있습니다. 천천히 호흡하면 부교감신경이 활성화되면서 마음이 편안해지고 안정을 되찾게 됩니다.

② 천천히 숫자를 센다

마음에 여유가 없고 맥박도 빠른 상태이니 천천히 숫자를 세어봅니다. 생각의 속도가 느려지면서 마음이 안정되는 것을 느낄 수 있습니다.

③ 아이와 잠시 떨어져 있는다

아이가 안전한 곳에 있다면 엄마, 아빠가 잠시 그 장소에서 벗어나 아이에게 감정을 분출하지 않도록 합니다.

잠깐 화장실에 다녀와도 좋습니다.

④ 창문을 열어 바람을 쐬어 본다

간단히 할 수 있는 기분 전환법입니다. 바깥 공기나 바람이 오감을 자극하면 기분이 한결 나아집니다.

⑤ 손이나 얼굴을 씻는다

차가운 물로 손이나 얼굴을 씻기만 해도 물의 온도가 열을 식혀주고 마음이 가라앉습니다.

⑥ 그릇을 닦는다

집안일, 특히 그릇을 닦는 일은 씻는 소리에 리듬감이 느껴져서 기분을 안정시킵니다. 또 깨끗해진 싱크대를 보면 마음이 홀가분해질 것입니다.

⑦ 거울을 본다

화가 난 자신의 얼굴을 보면 냉정함을 되찾을 수 있습니다. 거울을 보면서 억지로라도 미소를 지어보는 것도 좋은 방법입니다.

⑧ 좋아하는 음악을 듣는다

좋아하는 음악을 들으면 마음이 편안해집니다. 커다란 소리로 노래를 불러도 스트레스가 해소됩니다.

STEP 3

아이의 마음을 알면 상처 주지 않는다

조건 없이 받아들이는 방법

아이에게는 안전한 장소가 필요하다

방과후학교 등에서 아이를 돌보는 분에게 교실 안에서 지나치다 싶을 만큼 소란을 피우는 아이가 적지 않다는 이야기를 자주 듣습니다. 아이들에게 이유를 물어보면 "집에서는 착하게 있고 싶으니까요."라고 대답한다고 합니다. 일하는 엄마들이 많다 보니 기특하게도 아이가 부모에게 부담을 주거나 폐를 끼치고 싶지 않다고 생각하는지도 모르겠습니다. 어쩌면 집에서 있는 그대로의 모습을 보였다가는 부모에게 야단맞기 때문일 수도 있습니다.

제아무리 부모 자식 간이라도 같은 공간에 있다 보면 늘 사이가 좋을 수만은 없습니다. 하지만 아이가 집에서는 늘 부모에게 혼나기만 한다거나 야단맞지 않으려고 '착한 아이'로 있겠다며 항상 노력하고 긴장한다면 이는 매우 부자연스러운 일입니다.

집에서 항상 '착한 아이'인 척 행동하다 보면 밖에서는 버릇없이 굴거나 멋대로 행동하며 떼를 부리고 싶기 마련입니다. 아이가 '집에서는 착한데 밖에만 나가면 나쁜 행동을 한다'는 이유가 여기에 있습니다.

강의에서도 자주 하는 말이지만 가족과 함께 있는 가정이 '안심할 수 있는 안전한 장소'여야 한다는 점은 매우 중요합니다. 이는 미국의 심리학자 매슬로Maslow의 욕구 5단계 이론에서 가장 기본이 되는 부분이기도 하지요. 간단히 말하면 '마음 편히 밥을 먹고 잠을 자며, 안전하게 화장실에 다녀올 수 있어야 한다'는 뜻입니다. '먹기, 자기, 화장실 가기'가 방해받으면 인간답게 살 수 없습니다.

이 세 가지 기본 욕구가 해소되지 않는 경우를 상상해봅시다. 엄마가 "말 안 들으면 밥 안 줄 거야."라고 한다면 아이는 밥을 못 먹을까 불안해 마음 편히 생활할 수 없으며 부모의 뜻을 거스르지 않으려고 항상 긴장감 속에서 지낼 것입니다.

한 가지 더 중요한 사항은 마음의 안정과 평온입니다. 마음 놓고 자신의 의견을 말할 수 있고, 마음껏 자신의 기분을 표출할 수 있어야 하는 것입니다. 가족이고 내 자식이지만 아이는 나와 다른 인격체이므로 당연히 부모의 생각과 다를 때가 있습니다. 따라서 아이가 생각을 말하거나 표현했을 때 부모의 생각과 다르다는 이유로 무시하거나, 화내거나 표현하는 생각 자체를 부정해서는 안 됩니다.

매슬로에 따르면 저차원적 욕구가 충족되지 않으면 고차원적 욕구는 생기지 않는다고 합니다. 안심하고 안전하게 생활할 수 있다면 매우 기분 좋은 일이지만 사람은 마음이 충족되면 슬슬 지루해지기 시작하지요. 인간이란 모험을 좋아하는 동물이기 때문입니다.

아무리 응석받이라 해도 하루 종일 안겨 있는 경우는 드뭅니다. 조금 불안해지면 부모에게 안기지만 마음이 안정되면 이내 다양한 일에 흥미가 생기고 뭔가를 해보고 싶어 합니다.

저차원부터 차곡차곡 쌓이는 '아이의 욕구'

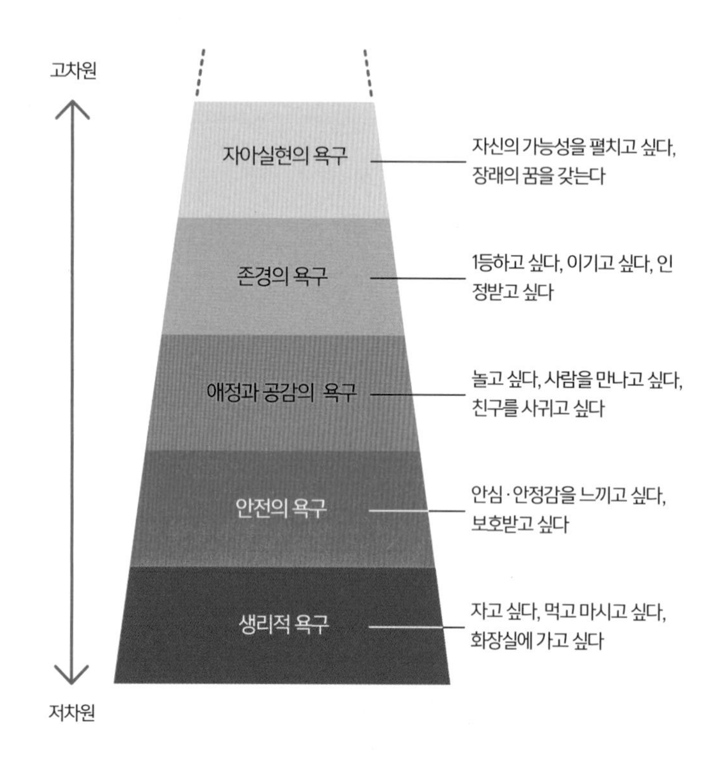

매슬로의 욕구 5단계 이론

- 저차원적 욕구가 충족되지 않으면 고차원적 욕구는 생기지 않는다.
- 자아실현의 욕구는 무한대로 커질 수 있으며 이것이 삶의 보람이 되기도 한다.

이것이 외부로 향하는 힘입니다. 마음이 편안하고 안전하게 보호받는다고 느끼면 아이는 외부로 향하는 힘이 샘솟습니다.

'생리적 욕구'와 '안전의 욕구'가 동시에 충족되는 것이 무엇보다 중요합니다. 마음 편히 밥을 먹고 안심하고 가족과 지낼 수 있어야 합니다. 아이를 있는 그대로 인정해주면 아이는 자기긍정감을 쌓기 시작합니다. 그리고 아이의 욕구를 밑에서부터 조금씩 하나하나 채워주면 외부로 향하는 욕구에 자신감을 가지고 몰두할 수 있습니다. '근거 없는 자신감'은 그야말로 자기긍정감이라는 토대가 있어야만 가질 수 있습니다. '해보고 싶다', '할 수 있다'는 의욕은 바로 여기서부터 시작됩니다.

'싫다'라고 말하는 것은 나쁜 행동일까?

아이가 "싫어!"라고 말했을 때 "싫은 게 어딨어!"라며 아이의 감정을 억누르지는 않으신가요? 예를 들어 장난감 쟁탈전이 벌어져 "친구에게 장난감 빌려줘."라고 말했는데 아이가 "싫어!"라고 대답하면 "싫은 게 어딨어!"라고 말하고 싶어집니다. 이 말 뒤에는 '왜 이렇게 속이 좁을까?', '애가 다정한 구석이 없어', '분위기 파악하고 사이좋게 친구와 놀 수는 없는 건가…' 등 아이를 걱정하는 엄마, 아빠의 마음이 담겨있는지도 모릅니다.

하지만 자신의 기분에 솔직하며 "싫어!"라고 말할 수 있는 것은 결코 나쁜 행동이 아닙니다. 오히려 꼭 필요한 일이지요. 가령 사춘기 때 친구가 나쁜 행동을 권해도 자신이 싫다면 정확하게 말해야 하며, 좋아하지도 않는 사람이 성관계를 맺자고 요구할 때 "싫어!"라고 거절하는 행동은 곧 자신을 지켜내는 일입니다.

아이가 커서 사회인이 되었을 때도 직장에서 권력을 이용하여 괴롭히거나 강제로 장시간 노동을 시킨다면 "싫습니다."라고 말할 수 있어야 합니다. 물론 여러 가지 상황이 있고 당시의 복잡한 인간관계도 있겠지만 "싫다."고 말하는 것, 대책을 생각하는 것, 그 상황에서 빠져나오는 것은 살아가는 데 있어서 꼭 필요한 힘입니다.

늘 감정 표현을 차단당한 사람은 감정을 밖으로 내보이지도 않고 말로 전달하는 것도 꺼리게 됩니다. 혹은 감정을 가지는 일 자체를 스스로 봉인시켜 버릴 가능성도 있습니다. 그만큼 감정을 가지는 것은 매우 중요한 일입니다.

학대를 받아온 아이들은 감정을 언어로 표현하는 데 서툰 경우가 많다고 합니다. 마찬가지로 감정을 내보여도 무시당하거나 야단맞는 데 익숙한 아이는 자신을 지키기 위해서 마음의 문을 닫아버릴 수 있으니 무조건 못 하게 하지는 말아야 합니다.

안정된 관계가 있고 자신의 마음을 받아들여 주는 사람이 있으므로 "싫다"고 표현할 수도 있는 것입니다. 다양한 감정을 가지고 자신의 마음을 인정받는 일은 살아가는 데 있어서 꼭 필요합니다.

상처 주지 않는 포인트 만들기

한 엄마가 6살 딸이 "(다 먹은 아이스크림 종이를 내밀며) 이거 어떻게 해?"라고 묻는다며 상담을 요청했습니다. 당연히 쓰레기는 쓰레기통에 버리면 되지만 무슨 일이든 일단 묻고 보는 딸의 행동이 고민이라는 것이었지요.

항상 엄마, 아빠의 말을 아이가 그대로 따라준다면 생활이 참 편할 것입니다. 그래서 부모는 자신도 모르게 "이렇게 해."라는 말을 많이 하게 됩니다. 하지만 언제까지나, 심지어 어른이 된 다음에도 부모의 말만 따르게 할 수는 없습니다. 어른이 되어서도 부모의 말밖에 따를 줄 모른다면 아이는 절대 자립할 수 없으니까요.

"이렇게 하면 안 돼.", "저렇게 해야 해.", "그건 아니야."

물론 우리 가정의 교육에 관한 기준이 있는 것은 매우 중요합니다. 하지만 금지 사항이 지나치게 많으면 아이도 다 외우지 못하다 보니 전부 지키기 어렵습니다. 그래서 매번 혼나는 일이 생깁니다. 혼나기 싫은 아이는 아주 작은 일이나 당연한 일마저 "이거 해도 돼?", "이건 어떻게 해?"라며 확인하고 싶어집니다. 결국 부모의 손이 많이 가고 서로 힘들어지는 것입니다. 또 지켜야 할 일이 많다 보면 부모도 이런저런 상황 속에서 사고방식이나 대응 방법이 조금씩 달라지기도 하고 아예 바뀌는 경우도 생깁니다. 부모의 판단 기준이 그때그때 달라지면 아이는 더욱 혼란스럽기만 합니다.

이런 상황을 피하려면 먼저 부부가 함께 '이 점만큼은 꼭 지켜주었으면 좋겠다'라는 훈육의 포인트를 고민해서 결정해야 합니다. 그리고 그 포인트는 세밀하고 분명할수록 좋습니다.

기준이 없으니 아이가 말을 더 못 알아듣는 것 같아···

규칙을 가르치는 것과 훈육은 다르다

화내지 않는 상황을 만들 때 반드시 짚고 넘어가야 할 부분이 있습니다. 규칙을 가르치는 것과 훈육을 혼동해서는 안 된다는 점입니다. 예를 들어 신발을 벗은 다음에는 가지런히 정리할 것, 아침에는 양치질을 한 다음에 밥을 먹을 것 등은 규칙에 해당합니다.

각 가정마다 '우리 집만의 규칙'이 있기 마련입니다. 다른 가족에게 폐를 끼치는 경우라면 모를까 평소와 같은 상황이라면 규칙을 지키지 않았다고 해서 화를 내고 야단치거나 꿀밤을 때릴 필요는 없습니다. 우리 집만의 규칙이란 가족 모두가 기분 좋게 생활하기 위한 암묵적인 약속이기 때문입니다. 그러므로 가족이 모두 모여있을 때 의논해서 규칙을 정하고 꾸준히 지킬 수 있도록 아이를 가르쳐야 합니다.

학교에서도 마찬가지입니다. 쉬운 예를 살펴보겠습니다. 보통 학교에는 '복도에서 뛰지 말 것'이라는 규칙이 있습니다. 이 규칙이 생긴 이유는 복도에서 뛰면 마주 오는 사람과 부딪칠 수 있어 위험하기도 하고, 수업 중인 교실에 쿵쾅거리는 발소리가 울려 방해가 될지도 모르기 때문입니다. 하지만 복도에서 뛰는 학생이 있다고 해서 반장이 '규칙을 위반했으니까 맞아야 한다'고 말하는 것은 좀 이상하지요. 규칙을 지키지 않는 학생이 그러지 않았으면 좋겠다는 마음은 이해하지만 규칙을 어겨서 때린다면 이는 당연히 옳지 않습니다.

"복도를 뛰면 안 되니까 이 점을 확실하게 가르쳐야 하지 않나요?"라고 생각하는 분이 있다면 '복도를 뛴다'와 '때린다'는 두 가지 행동만 놓고 옳고 그름을 비교해봅시다. '복도를 뛰면 안 되지만 때리는 것은 된다'고 말하는 사람은 없을 것입니다. 말의 앞뒤가 맞지 않으니까요.

규칙이란 '기분 좋게 생활하기 위해서 기본적으로 지켜야 할 일'로 상황에 따라 달라지기도 합니다. '복도에서 뛰지 말 것'이라는 규칙이 있어도 만일 어떤 학생이 갑자기 아파서 쓰러진 사실을 선생님에게 한시라도 빨리 알려야 한다면 다른 사람과 부딪히지 않도록 조심하면서 복도를 지나가는 것이 맞습니다. 그러므로 기분 좋게 생활하기 위해서 만든 규칙을 폭력을 써가며 따르게 하는 것은 좋은 해결책이 아닙니다.

규칙을 만들 때는 아이와 함께 상의해서 정하는 것이 좋습니다. 부모나 어른이 일방적으로 만들기보다는 아이가 스스로 생각해서 만든 규칙이 더 지키기 쉽기 때문입니다. 이를 위해서 '규칙은 그저 규칙이다'라는 생각을 버리고 '왜 규칙이 필요한지'를 이해해야 합니다. 생활할 때 불편한 점이나 가족의 목표 등을 공유한 다음에 '이를 위해서는 어떻게 하면 좋을까?'를 함께 생각하고 고민해 봅시다. 이러한 과정을 통해 생겨난 규칙이라면 아이도 틀림없이 지키려고 노력할 것입니다.

문제 상황을 미리 짐작해보기

실천노트 1: 자주 발생하는 문제 상황에 대해 생각하기

실제로 강의에서 활용하는 실천노트를 바탕으로 아이를 대하는 방법을 알아보겠습니다. 먼저 아래와 같은 상황을 상상해보세요.

"최근 당신의 아이는 친구들의 장난감을 자주 빼앗아 문제를 일으킵니다. 다른 아이에게 방해가 될까 봐 한동안 집 근처 놀이방에 가지 못했지만 오늘은 아이를 위해서 큰맘 먹고 나왔습니다. 놀이가 시작되자마자 아이는 장난감을 혼자서 차지해버리더니 실랑이가 벌어진 친구를 밀어서 넘어뜨렸습니다. 당신이 나서서 친구에게 장난감을 빌려주라고 말해보았지만,

아이는 싫다고 소리를 지르며 장난감을 가지고 도망가려고만 합니다."

질문 1 이때 당신은 아이가 어떻게 행동해주길 바랍니까?

질문 2 그렇다면 당시 아이의 기분은 어떨 것 같나요?

질문 1에는 아마도 아래와 같은 대답들이 나올 것입니다.

- 친구에게 장난감을 빌려주면 좋겠다.
- 밀어 넘어뜨린 일을 사과해주면 좋겠다.
- 도망가지 않았으면 좋겠다.
- 부모의 말을 들어주면 좋겠다.

이는 '눈앞의 목표'입니다. '이렇게 해주면 좋겠다'는 아이의 행동에 대한 엄마, 아빠의 바람이 반영되어 있지요. '~면 좋겠다'라는 생각은 대부분 지시형, 명령형으로 표현되어 아이에게 전달됩니다. 가령 "장난감 빌려줘야지.", "친구에게 사과해.", "엄마 말 좀 들어."처럼 말입니다. 아이를 대하다 보면 '아이에게 바라는 행동'을 위압적인 말투로 지시하게 되기 쉽다는 점을 기억합시다.

질문 2의 대답인 엄마, 아빠가 생각하는 아이의 기분은 어떨까요?

- 장난감을 가지고 더 놀고 싶다.
- 빌려주고 싶지 않다.
- 오랜만에 놀이방에 와서 지금 흥분 상태다.
- 집에 없는 신기한 장난감이 많아서 즐겁다.
- 엄마가 쫓아오는 것이 재밌어서 도망가고 싶다.

아이의 기분은 매우 다양합니다. 혼자서 생각하기보다는 여러 사람의 의견을 듣다 보면 '아, 이런 기분일 수도 있겠구나.' 하고 아이에 대한 다양한 생각을 끄집어낼 수 있습니다. 이처럼 아이의 기분이 여러 가지라는 점을 염두에 두면 아이와 대화할 때 큰 도움이 됩니다. 나이가 어릴수록 아이는 자신의 기분을 말로 잘 표현하지 못하지요. 이럴 때 "지금 네 기분이 이렇구나."라고 엄마, 아빠가 전달해주면 아이는 자신의 기분에 대해 이름을 붙일 수 있습니다.

'화가 난다, 답답하다, 왜 그럴까?'라고 아이가 자신의 기분을 정리하고 객관적으로 바라보면 문제의 원인이 보이기 시작합니다. 아이 스스로 원인을 알면 '어떻게 대처하면 좋을지' 생각해보기도 하고 친구나 엄마, 아빠에게 상의할 것입니다. 모든 일에 반드시 해결 방법이 있지는 않지만, 개선하거나 잠시 회피하는 등 아이 스스로 이럴 때 어떻게 행동하면 좋을지 생각해보는 계기가 됩니다.

실천노트 2: 한 발 물러나 생각하기

실천노트 1이 끝나면 잠시 문제 상황에서 한 발 물러나 "아이가 커서 어떤 사람이 되길 바라는가?"라는 다음 질문에 대해 생각해봅니다.

질문 3 아이가 커서 어떤 사람이 되길 바라나요?

실제 강의에서는 주로 아래와 같은 대답이 많이 나옵니다.

- 다정한 사람
- 배려심 있는 사람
- 자신의 의견을 확실히 말할 줄 아는 사람
- 스스로 생각해서 행동하는 사람

아이가 커서 어떤 사람이 되길 바라는지 고민했다면 이를 육아의 '장기 목표'라고 생각하면 됩니다. '부모나 다른 사람의 말대로 행동하는 사람'이라든지 '무서운 사람의 표정을 살피며 행동하는 사람'과 같은 대답은 절대 나오지 않습니다. 다정한 사람도 스스로 생각해서 행동할 줄 알아야 합니다. 답변의 표현 방식은 부모마다 다르지만 결국 육아의 장기 목표는 '아이의 자립'이라는 점을 재인식할 수 있습니다.

질문 4 마지막 질문입니다. 그렇다면 앞서 아이가 친구에게 장난감을 빌려주지 않을 때, 눈앞에 있는 아이에게 어떻게 말을 하면 좋을까요?

조금 전에 대답했던 육아의 '장기 목표'를 염두에 두고 생각하면 강의에서는 다음과 같은 말들이 나옵니다.

- 장난감을 빌려주고 싶지 않은 아이의 마음에 공감해준다.
- 상황을 설명해준다.
- 어떻게 하면 좋을지 함께 고민한다.
- 해결 방법을 제안해본다.

'장난감을 빌려주라고 말한다'라거나 '도망가는 아이를 야단치고 조용히 시킨다' 등의 대답은 없습니다. 아이의 마음을 헤아려보고 이에 맞춰 말을 하거나 대응한다는 방향으로 부모의 생각이 바뀝니다.

한 가지 더 중요한 사항이 있습니다. 문제 상황에서는 아래와 같은 부모의 생각이 전제되어 있다는 점입니다. "다른 아이에게 방해가 될까 봐 한동안 집 근처 놀이방에 가지 못했지만 오늘은 아이를 위해서 큰맘 먹고 나왔다."라는 부분이 그러합니다.

앞에서도 스트레스에 관해 언급했지만 지금 이 문제 상황은 그야말로 부모의 스트레스가 쌓인 상태입니다.

- 항상 친구들과 문제를 일으키니 또 데려가 봤자 친구들과 싸울 게 뻔하다.
- 아이가 문제를 일으키는 것이 싫은 마음에 한동안 놀이방에 가지 않았다.
- 하지만 오늘은 아이를 위해 큰맘 먹고 나왔다.

스트레스 받는 상황을 피하는 것도 하나의 방법입니다. 물론 늘 문제를 회피하기만 해서는 생활하기가 불편하고 무료할지도 모릅니다. 하지만 마음이 조금 힘들 때는 애쓰지 말고 문제가 일어나기 어려운 쪽을 선택해도 좋습니다. 예를 들면 아래와 같은 방법이 있습니다.

- 갑자기 큰 놀이방에 아이를 데려가지 말고 먼저 친하게 지내는 주위 엄마와 아이를 불러 함께 놀아본다.
- "우리 아이가 아직 친구들과 장난감을 같이 가지고 놀 줄 몰라요."라고 미리 상대 엄마들에게 양해를 구한다.
- 엄마 마음이 많이 지친 상태라면 시간제 보육 서비스를 이용하거나 주말에 아빠에게 아이를 맡기고 기분전환을 한다.
- 놀이방에 가면 늘 문제가 일어나니 놀이방에 가지 말고 공원에서 걷거나 움직이며 논다.

이밖에도 문제가 일어날 만한 상황을 미리 예측하고 피하는 것도 좋은 방법입니다.

아이를 대하는 태도를 바꾼다

아이를 대하는 4단계 과정

지금부터는 '아이를 대하는 4단계 과정'을 알아보려 합니다. 실천하다 보면 이론처럼 쉽지 않을 때도 있지만, 문제 행동을 한 아이를 대할 때는 되도록 이 4단계 과정을 의식하며 대응하는 것이 좋습니다.

1단계 일단 아이의 마음에 공감해준다

먼저 아이의 마음에 공감해주세요. 공감하기 어려운 일이라도 "그렇구나. 하기 싫었구나.", "장난감을 빌려주고 싶지 않았구나." 하고 앵무새처럼 같은 말을 반복하며 아이의 마음을 인정해주기만 하면 됩니다. 이는 모성적인 대응입니다.

2단계 상대방의 기분이나 엄마, 아빠의 기분을 전달한다

객관적인 정보를 전달하여 아이의 시야를 넓혀줍니다. "○○의 기분은 알겠어."라고 아이의 마음에 충분히 공감해주었다면 "하지만 지금 엄마, 아빠의 기분은 이러이러해." 하고 말해줍니다. 이는 부성적인 대응입니다.

3단계 방법을 찾도록 조언해준다

아이에게 "그럼 어떻게 하면 좋을까?"라고 물어봅시다. 아이가 대답하지 않을 때는 선택지를 제시합니다. "이런 방법은 어때? 그리고 이런 방법도 있어."라고요.

4단계 아이가 스스로 결정하고 행동한다

결정은 아이에게 맡기세요. 물론 상황에 따라 뭔가를 결정하기에는 나이가 너무 어릴 수도 있고, 아이가 피곤하거나 졸릴 때는 스스로 결정하기 힘들지도 모릅니다. 또 스스로 결정하는 데에 익숙하지 않아서 "엄마가 정해."라고 말할 수도 있습

니다. 하지만 되도록 아이의 결정을 천천히 기다려줍시다. 이 과정을 반복하다 보면 아이는 조금씩 스스로 결정하는 방법을 터득하게 될 것입니다.

아이 스스로 한 결정과 행동이 때로는 더 일을 복잡하게 만들거나 그다지 좋은 방법이 아닌 경우도 있지만 아이에게는 모두 값진 경험이 됩니다. 결과가 좋지 않을 때는 다시 생각해서 다른 방법으로 유도해 봅시다. 좀처럼 문제가 잘 풀리지 않거나 해결되지 않을 때는 엄마가 아이의 기분이나 행동의 이유를 물어가면서 함께 방법을 고민해보세요. 분명히 그 안에 해결의 실마리가 있을 것입니다.

이처럼 어려운 문제에 집중해 보는 일 자체가 아이에게, 또 부모 자식 간에도 매우 의미 있는 경험입니다. 살다보면 공부, 친구, 일, 인간관계 등에서 다양한 문제와 부딪히는데 이를 하나씩 해결해 가야 할 때마다 엄마와 함께 고민해본 경험이 큰 도움이 될 것입니다.

아이를 대하는 4단계 과정

4단계 아이가 스스로 결정하고 행동한다

3단계 방법을 찾도록 조언해준다

2단계 상대방의 기분이나 엄마, 아빠의 기분을 전달한다

1단계 일단 아이의 마음에 공감해준다

엄마, 아빠가 마음의 여유가 있을 때는 이 4가지 단계를 의식해보세요. 반복하다 보면 아이 스스로 혹은 아이들끼리 이 4가지 단계를 생각해보게 됩니다.

아이의 미래에 대한 부부의 생각 공유하기

'실천노트 2'에서도 소개했듯이 강의 중에 "아이가 커서 어떤 사람이 되길 바랍니까?"라는 질문에 대해 각각 생각해서 그룹별로 공유하는 경우가 있습니다. 이를 위해 내 아이의 미래의 모습을 잠시 머릿속에 그려봅시다.

엄마, 아빠들의 대답을 살펴보면 '배려심 있는 사람', '다정한 사람', '다른 사람에게 도움이 되는 사람', '웃음이 멋진 사람' 등이 나옵니다. 이와 함께 '자신의 의견을 말할 줄 아는 사람', '자신의 생각을 실현하는 사람'과 같은 대답도 있습니다. 세계 어느 나라에 가도 부모에게 자식의 미래상을 물으면 이와 같은 대답이 제일 많이 나옵니다. 부모의 마음은 세계 어디나 마찬가지인 모양입니다.

부부가 함께 강의를 들으러 온 분들에게는 "이런 거 함께 생각해본 건 처음이에요.", "배우자의 생각을 들을 수 있어서 좋았어요."라는 말을 듣기도 합니다. 엄마와 아빠는 부부지만 '아이가 어떤 사람이 되길 바라는지'에 관한 방향은 조금 다를 수 있습니다. 하지만 배우자의 생각을 알기 위해서라도 반드시 함께 대화해 봐야 합니다.

부부가 함께 생각한 '내 아이의 미래의 모습'을 육아의 목표이자 아이를 어떻게 키우면 좋을지 알려주는 길잡이로 여기는 것이 현명합니다. 아이를 향한 엄마, 아빠의 대응 방식은 매일매일 쌓여서 아이의 미래와 연결됩니다. 스스로 생각해서 행동할 줄 아는 사람, 다른 사람에게 다정하게 대하는 사람이 되려면 어떻게 해야 할지를 염두에 두면서 아이를 대하고 아이의 성장을 응원해 줍시다.

가족 간에 따뜻한 말과 배려가 필요하다

가족이나 친구와 기분 좋게 생활하려면 잘못된 행동을 했을 때 사과를 해야 합니다. 하지만 "우리 아이는 절대 사과하는 법이 없어요."라며 속상해하는 부모의 이야기를 들을 때가 있습니다.

'사과한다'라는 행위는 객관적으로 자신의 잘못을 인정하는 일이며, 미안한 마음을 언어로 표현해 상대방에게 전달하는 일입니다. 부모로서는 상대방에게 폐를 끼쳤다면 당연히 사과해야 한다고 생각하겠지만 아이는 애초에 '왜 내가 사과해야 해?'라며 무엇을 잘못했는지 모를 수도 있습니다.

우선 아이가 왜 그런 행동을 했는지 아이의 마음을 이해하는 것이 중요합니다. 그다음 상황을 정리한 뒤 "그래도 이런 행동은 잘못된 거야." 하고 하면 안 되는 행동에 대한 선을 그어주세요. 물론 잘못된 행동을 했을 때는 사과를 해야 맞지만 마음을 정리해서 이를 입 밖으로 꺼내려면 일단 기분을 가라앉힐 필요가 있습니다.

아이의 성향에 따라 기분을 가라앉히는 데 시간이 오래 걸리는 경우도 있습니다. 나쁜 행동을 했다는 사실은 알지만 이를 마음속에 받아들이고 말로 표현하는 데에 시간이 걸리기 때문입니다. 아이의 연령에 따라 다르지만 스스로 잘못을 인정하고 받아들였다면 "내일 친구에게 사과할게."라고 말해주는 아이도 있습니다. 따라서 아이가 잘못된 행동을 했을 때 '억지로' 사과시킬 필요는 없습니다.

아이가 사과를 자연스럽게 배울 수 있게 하려면 집에서 가족끼리 "고마워.", "미안해."라는 말을 자주 주고받는 것이 필요합니다. 엄마, 아빠 등 가족 간의 대화 방식을 보고 아이는 대화법을 배웁니다. 가족끼리 고맙고 미안하다는 표현을 하지 않는데 아이가 밖에 나가서 "고마워.", "미안해."라는 말을 능숙하게 사용하기는 어렵습니다.

NO라는 기준을 만들어준다

"때리지 않는다고 정합시다."라고 말하면 '훈육하면 안 되는 건가?'라고 생각하는 분이 있습니다. 때리지 않는 것과 훈육하지 않는 것은 의미가 전혀 다릅니다.

훈육이란 이 이상의 행동은 'NO'라는 기준을 알려주는 행위입니다. 즉, 아이에게 행동의 기준을 가르치는 일이지요. 만약 상황에 따라 부모의 판단 기준이 달라지면 아이는 "이거 해도 돼?", "이렇게 하면 안 돼?"라며 항상 판단 기준을 확인하려 듭니다.

하면 안 되는 일은 단호하게 알려주세요. 엄마가 먼저 아이에게 명확하게 알려주겠다고 마음먹는 것이 필요합니다. 자라는 동안 계속 들어왔던 '하면 안 되는 행동의 기준'은 사춘기 때까지도 이어집니다. 똑같은 행동을 어제는 허락했는데 오늘은 안 된다고 하지는 않았나요? 부모의 판단 기준이 오락가락하면 아이는 좋은 행동 혹은 나쁜 행동이 뭔지, 상황에 따라 어떻게 행동해야 하는지 갈피를 잡지 못합니다.

사과하지 않는 남자아이의 마음속은 분노 상태입니다.

또한 부모의 기분에 따라 "왜 말을 안 들어?" 하며 폭력적이고 위압적으로 아이를 대하면 아이는 부모의 대응 방식을 그대로 배울 수 있습니다. 이 경우 아이가 자라서 부모보다 힘이 세지면 가정 폭력으로 이어지기도 합니다. 만일 가정 폭력과 같은 일이 일어나면 부모는 몸을 다칠 수도 있으며 아이는 가해자가 되는 것입니다. 게다가 폭력을 배운 아이는 학교에서 자기 생각대로 움직여주지 않는 친구에게 주먹을 휘두를 가능성도 있습니다. 이것이 집단 따돌림으로 이어지는 것입니다.

감정적으로 야단치지 않고 "안 돼!"라고 단호하게 전달하는 것, 확고하게 알려주는 것은 아이가 앞으로 살아가는 데 필요한 기준을 만들어줍니다. 아이는 자라면서 부모와 함께 있는 시간은 줄어들고 친구와 있거나 사회에서 보내는 시간이 많아집니다. 자신의 행동과 생각을 판단하고 결정할 일이 많아지면 어릴 때부터 부모가 알려준 행동의 기준이 틀림없이 마음의 기반이 되어 줄 것입니다.

귀여운 내 아이의 미래, 부부의 생각이 다를 때
잠들었네~
자는 얼굴을 보면 피곤이 싹 사라져.
우리 아이는 다정한 사람이 됐으면 좋겠어.
뭐라고?!
그래도 자기 의견은 확실히 말해야지!
때에 따라 다르지. 배려심은 꼭 필요해
공부도 잘했으면 좋겠어.
운동도 잘 해야지!
생각이 안 맞아!
나랑 전혀 다르잖아!
후아~
자기 인생은 자기가 정하는 거지.

다시 올바른 훈육을 생각한다

훈육은 아주 어릴 때부터 필요하다

'하면 안 되는 행동의 기준'은 언제부터, 어떤 식으로 알려주어야 할까요? "몇 살 때부터 훈육을 해야 하나요?", "4살이 되기 전까지는 훈육하지 않는 편이 좋은가요?" 등의 질문을 받을 때가 있습니다. 하지만 '이제 4살이 됐으니 훈육하자'라며 지금까지는 한 번도 엄한 모습을 보여준 적 없다가 갑자기 엄격하게 훈육하기 시작하면 아이는 혼란에 빠집니다.

하면 안 되는 행동을 단호하게 알려주는 훈육은 아주 어릴 때부터 필요합니다. 예를 들어 아이가 위험한 물건을 집었다면 "안 돼!", "이건 위험해!" 하며 빼앗아야 합니다. 물론 아이가 아주 어릴 때는 엄하게 말하지 않아도 되는 환경을 만드는 것이 우선이지요. 위험한 물건인데도 아이가 운다는 이유로 그냥 갖고 놀게 놔두면 아이를 위험에 내모는 것과 다름없습니다.

아직 아이가 말을 하지 못하는 시기여도 부모가 단호하게 "안 돼!"라고 전하면 아이는 엄마, 아빠의 엄한 표정을 보고 '하면 안 되는구나' 하고 느낄 수 있습니다. 아이가 아직 어리다면 금방 또 같은 행동을 할 가능성도 있지만 반복해서 단호하고 확고하게 전달하는 것이 중요합니다.

가령 "볼펜 들고 걸으면 위험한데 엄마한테 얼른 줘야지…." 라는 식으로 대응해서는 아이가 이것이 정말로 해서는 안 되는 일인지 느끼지 못하며 엄마의 단호함도 전달되지 않습니다. 특히 떼를 자주 쓰는 시기인데 아이에게 "이렇게 하면 안 되는 거예요."라고 부드럽게 말하면 아이는 '떼를 쓰면 어떻게든 넘어가겠지'라고 생각하고 더욱 오래 고집을 부릴 수도 있습니다.

부모가 엄한 표정으로 단호하게 말하고 판단을 바꾸지 않는 것이 무엇보다 중요합니다. 이렇게 하면 아이를 진정시키는 데에 오래 걸릴 수도 있지만 의외로 기분이 바뀌면 간단하게 받아들이기도 합니다. 하면 안 되는 행동은 단호하게 알려주되 야단칠 필요는 없다는 것을 기억하세요.

아이를 위험에서 지키는 것도 훈육이다

2016년 초여름, 일본 홋카이도에서 한 부모가 '말을 듣지 않는다'는 이유로 아이를 차에서 끌어내려 산길에 두고 떠난 일이 있었습니다. 이후 다행히 아이를 찾았지만 하마터면 큰일이 날 뻔한 사건이었지요.

부모의 말을 듣지 않는다, 부모의 말대로 행동하지 않는다는 이유로 벌을 주고 위험한 곳에 아이를 두고 가버리는 행위는 절대 훈육이 아닙니다. 말을 듣지 않는다며 집에서 내쫓는 경우도 아이를 위험에 빠뜨리는 일입니다. 부모의 시선이 닿지 않는 곳에 있다가 잠깐 사이에 범죄자가 우연히 아이를 보고 데려갈지도 모르니까요. 또 아이가 정처 없이 떠돌다가 미아가 될지도 모릅니다. 교통사고를 당하거나 발을 잘못 디뎌 강 같은 곳에 빠지는 위험천만한 상황이 펼쳐질 수도 있습니다. 말을 듣지 않는다며 아이를 방에 가두거나 집에 아이만 혼자 두고 외출해서도 안 됩니다. 실제로 집에 아이 혼자 있다가 배가 고파서 불을 쓰려고 라이터를 만지작거리다 화재가 난 사건도 있었습니다.

위험한 장소에 아이를 두고 떠나거나 아이를 방에 가두는 행위는 아이에게 안전을 가르쳐주어야 할 부모의 행동과는 완전히 상반됩니다. 아이를 안전하게 보호하며 안정감을 줄 때 생겨나는 부모 자식 간의 기본적인 신뢰 관계가 무너질지도 모릅니다. 위험에 빠지지 않도록 가르치고, 자신의 몸을 보호하는 방법을 알려주고, 안심할 수 있는 안전한 곳에서 보호해주며, 무슨 일이 생겼을 때 어떻게 도움을 요청해야 하는지 교육하는 일이 부모의 역할이자 올바른 훈육입니다.

아이가 곤란한 상황에 부딪치거나 위험하다고 판단할 때 "살려주세요!"라고 소리칠 수 있는 것은, 자신이 안전하게 보호받고 있다고 느끼기 때문입니다. 누군가에게 도움을 요청할 수 있으려면 사람에 대한 신뢰가 있어야 하기 때문이지요. 의지할 수 있고 도움받을 만한 사람을 찾아내는 힘은 살아가는 데 있어서 매우 중요합니다. 물론 가정 밖에서 만난 사람에 대한 신뢰는 아이가 태어났을 때부터 애착 관계를 형성해온 부모가 심어줘야 합니다.

타인에게 도움 받을 줄 알아야 한다

강의 중에 "아이가 커서 어떤 사람이 되길 바랍니까?"라는 질문을 하면 '다른 사람에게 폐를 끼치지 않는 사람'이라는 대답이 돌아올 때가 적지 않습니다. "~하지 않는 사람이라는 부정적인 표현 말고 긍정적으로 표현하면요?" 하고 다시 물으면 '타인의 마음을 잘 아는 사람', '그 장소나 상황을 생각해서 스스로 행동할 줄 아는 사람'이라는 대답이 돌아오곤 합니다.

남의 도움을 받지 않고 혼자서도 잘 하는 아이로 키우도록 돕는 것이 훈육이라고 생각하는 부모가 많습니다. 그런데 '남에게 도움받지 않아도 되는 사람'으로 살기는 어렵습니다. 저 역시 길을 몰라 헤맬 때 다른 사람에게 물어보는 경우가 많습니다. 아이가 어릴 때는 근처에 사는 엄마들에게 육아에 대한 도움도 많이 받았지요.

'폐를 끼친다는 것'은 상대방이 그렇게 생각하느냐 안 하느냐에 달려 있지 않을까요? 반사회적인 행동이라면 모르지만, 일반적인 경우 뭔가를 부탁했을 때 상대방이 '어렵다', '지금은 힘들다'라고 생각한다면 거절할 것입니다. 반대로 상대방이 힘든 일을 도와줬다고 해서 그것이 곧 폐를 끼친 일이라고는 생각하지 않습니다.

아이를 키우는 엄마 중에서는 "아이를 부탁하기만하고 늘 다른 사람의 도움만 받을 뿐 은혜를 갚지 못한다."라고 말하는 분도 있습니다. 저는 그런 엄마들에게 '은혜의 대물림'에 대해 이야기해줍니다.

'도움을 받았을 때 도와준 상대에게 바로 은혜를 갚지 못하는 경우가 많습니다. 하지만 이 은혜는 언젠가 내 아이가 커서 누군가를 도울 수 있게 되면 그때 아이가 힘든 사람을 도와주며 갚으면 된다'라는 이야기입니다. 아이가 어렸을 때 주변 사람의 손을 빌려가며 자랐다면 그 아이가 커서 어른이 된 다음에 스스로 가능한 범위 안에서 은혜를 갚아나가면 되지 않을까요?

지우개를 깜박하고 가져오지 않았을 때 지우개를 빌리면 빌려준 상대에게 폐가 된다는 이유로 입을 꾹 다물고 참고 있기보다는 옆에 앉은 친구에게 "좀 빌려줄래?"라고 말하는 편이 좋습니다. 물론 자꾸 반복해서 지우개를 잊어버린다면 깜박하지 않도록 대책을 마련할 필요는 있겠지요. 그러나 인간이란 원래 그리 완벽한 존재가 아닙니다. 뭔가를 깜박해서 난처해질 때 주변 사람에게 의지하기도 하고 도움을 받는 것도 살아가는 힘이라고 생각합니다.

고등학교 3학년이었던 아들이 학교 수영 시간에 쓰는 수영모를 잊어버린 일이 있었습니다. 어쩌다가 잊어버렸는지는 모르겠지만 '이제 곧 졸업이라 몇 번밖에 안 쓸 텐데 새로 사기는 아깝다'는 생각이 들었습니다. 그런데 다음날 아들이 "옆 반 친구가 2개 가지고 있다기에 빌려 쓰기로 했어. 대신 수영을 가르쳐주기로 하고." 하며 거래를 성사시켜 왔습니다. 그런 아들을 보고 있자니 '녀석, 앞으로 어떻게든 살아가겠구나'라는 생각이 들었습니다.

엄마들의
도움을 받거나
괜찮아. 잠깐 봐 줄게.
자리를
양보받기도
한다.
여기 앉아요.
하지만 아이를 키우다 보면
남한테 폐를 끼치지 않는 사람으로-
아이를 어떤 사람으로 키우고 싶냐고?
한 엄마에게 물었다.
이렇게
대답하는
사람이 많다.
이런
행동도
민폐일까
그건 상대방에게 달려있어서
물어보지 않는 이상
알 수가 없다.
도움을 받다
≠
폐를 끼치다
도움을 받았다면
또 누군가를 도와주면서
선순환 구조를 만들면
된다.
교과서를 깜박했어. 옆 친구한테 보여 달라면 민폐겠지?
참자
하지만 말을 꺼내면
미안.
괜찮아, 같이 보자!
신경 쓰지마

바라보고 반응해줘야 아이의 마음이 자란다

부모는 "봐봐, 여기 이게 있네.", "이렇게 하면 이렇게 되는 거야."라고 아이에게 여러 가지를 가르쳐주려 합니다. 가르쳐주는 것이 잘못된 일은 아니지만 시간적으로 여유가 있을 때는 한번 아이를 가만히 바라봐주세요. 그러면 아이는 스스로 무언가를 발견하고는 "이것 봐봐!" 하고 알려주기도 할 것입니다. 기어 다니는 개미를 가만히 보다가 "개미가 짐을 옮기고 있어."라며 부모에게 무언가를 가르쳐줄지도 모릅니다.

아이의 목소리에 반응해주는 것을 '응답성'이라고 합니다. 질문하면 대답해주는 응답성은 신뢰 관계를 쌓는 데 기초가 됩니다. 아이의 발견을 함께 즐겨보세요. 이때 아이는 호기심이 마구마구 샘솟는 중이거든요. 개미는 이렇게 움직이는구나, 어디에 가는 걸까, 개미집 안은 어떻게 생겼을까 등 아이의 머릿속은 빠르게 돌아가는 중입니다. 설렘 가득한 아이의 이야기를 최선을 다해 들어주는 것이 중요합니다.

아이가 미끄럼틀을 타고 싶은데 조금 무서워서 망설이고 있다면 처음에는 함께 올라가서 아이를 안고 내려와 봅시다. 몇 번 안아서 태우다 보면 "나 혼자 탈래."라고 말해줄지도 모릅니다. '괜찮아 보이네' 하고 안심한 다음 자신감이 생기면 스스로 "해 볼래!"라는 말이 나오기 마련입니다.

우리 아이가 친구들 무리에 좀처럼 끼지 못할 때면 "한번 가 봐!" 하고 등을 떠밀고 싶어집니다. 조금만 등을 밀어주면 용기 내서 잘 섞이는 아이도 있지만 억지로 아이를 밀어붙였다가 오히려 저항하는 경우도 있습니다. 때에 따라서는 더 고집을 부리며 절대 친구들 무리에 끼지 않겠다고 할 수도 있습니다. 마음의 준비가 될 때까지 기다리면 분명히 아이는 스스로 움직여 줄 것입니다. 아이의 상태를 살펴 가며 아이만의 타이밍을 여유로운 마음으로 기다려 주세요.

스스로 행동하여 '해냈다'라는 체험은 아이에게 매우 기분 좋은 일입니다. 엄마, 아빠는 이때를 놓치지 말고 함께 기뻐해 주는 것이 중요합니다. 이러한 체험들이 아이를 자라게 하니까요.

STEP 4

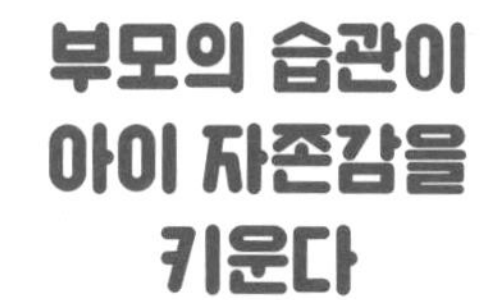

부모의 습관이 아이 자존감을 키운다

반항하는 아이 솔루션은 따로 있다

첫째가 동생을 괴롭힐 때

앞서 '아이가 일부러 부모를 힘들게 하는 경우는 없다'고 말했지만 예외일 때도 있습니다. 바로 부모가 자기를 봐주길 바랄 때입니다. 이상한 이야기로 들릴지도 모르겠지만 부모에게 학대를 받아온 아이 중 폭력을 당한 아이와 무시당하며 보살핌을 받지 못한 채 방임을 당한 아이를 두고 비교해보면, 폭력을 당한 아이가 오히려 삶의 의지가 더 강하다고 합니다. 아동 폭력은 결코 용납할 수 없는 일이지만 아이 입장에서는 비록 폭력적인 형태이더라도 부모에게 관심 받고 싶고 부모가 자신을 바라봐 주었으면 좋겠다는 마음이 매우 강한 것이라고 해

석할 수 있습니다.

“첫째 아이가 동생을 괴롭혀서 걱정이에요.” 하고 엄마들이 하소연해올 때가 많습니다. 물론 첫째 아이가 동생에게 질투를 느껴서 심술궂게 행동하는 경우도 있습니다. 하지만 그렇게 행동하는 가장 큰 이유는 동생을 괴롭힐 때면 꼭 엄마가 오기 때문입니다. 보통은 아이가 “엄마~” 하고 불러도 “잠깐만 기다려, 조금만 이따가.”라고 하는데 동생을 괴롭히거나 울리면 엄마는 금방 나타난다고 생각하는 것입니다. “뭐 하는 거야? 동생 괴롭히면 안 되지!” 하고 혼나기는 하지만 엄마가 자기에게 와 주고 자기를 봐주기 때문에 첫째 아이는 자꾸만 동생을 못살게 굴고 싶어집니다. 이처럼 작고 딱한 마음이 무의식적으로 동생을 괴롭히는 행동으로 나타나는 것이지요.

아이가 자꾸만 삐뚤어진 행동을 한다고 느낀다면 아이의 행동이 혹시 ‘자신을 봐 달라’는 신호는 아닌지 잠시 생각해봅시다. 삐뚤어진 행동을 하지 않아도 엄마, 아빠가 아이의 부름에 잘 반응하고 지켜봐 준다면 아이의 잘못된 행동은 줄어듭니

나 좀 봐라!
왜 저러는 거야…
음……

다. 즉, 아이가 일부러 부모를 힘들게 하는 것은 부모에게 '자신을 봐 달라'고 보내는 귀여운 신호입니다.

동생을 괴롭히는 첫째 아이는 마음속에 있는 물컵이 다 채워지지 않은 상태입니다. 아이의 마음속 물컵을 가득 채우려면 첫째 아이와 보내는 시간을 따로 만들어야 합니다. 동생과 함께 있을 때면 아무리 첫째 아이를 우선해주고 싶어도 수유처럼 급한 일 때문에 "잠깐만 기다려줘." 하는 상황이 벌어지기 마련입니다.

그러니 가능하면 주말에 아빠 혹은 부탁할 수 있는 사람에게 동생을 맡기고 첫째 아이와 데이트를 즐겨보세요. 고작 2시간뿐일지라도 아이에게는 엄마가 자신만을 바라봐주는 특별한 시간이 됩니다. 첫째 아이의 마음이 충족되면 분명히 동생에게도 다정하게 대할 것입니다.

싫다면서 막무가내로 말을 듣지 않을 때

STEP 3에서 강조했듯 아이가 싫다고 말하는 것은 잘못된 행동이 아닙니다. 자신의 감정을 표현했으므로 충분히 근사하고 멋진 행동이지요. 하지만 막무가내로 말을 듣지 않고 "싫어! 싫어!" 하며 계속 울어 젖힐 때면 곤란하기 그지없습니다.

아이는 울면서 자신의 감정과 마주하는 시간을 갖게 됩니다. '나는 이렇게 하고 싶은데 못 하다니' 하고 말이지요. 조금 부풀려서 말하자면 아이는 지금 생각대로 되지 않는 현실과 마주하고 있는 중입니다. 이럴 때는 어떻게 하면 좋을까요?

① 시간과 감정적 여유가 있다면 울게 내버려 둔다

아이는 기분을 전환하는 데 시간이 오래 걸립니다. 아직 주변 상황이나 상대방에게 맞춰 행동할 줄 몰라서 이를 연습하는 중이기 때문입니다. 마음이 풀릴 때까지 울게 해주는 것도 모성적인 대응법입니다. 감정이 해소되면 다음 행동으로 쉽게 전환되기도 합니다.

② 새로운 제안을 해서 아이의 기분 전환을 돕는다

감정 표현은 꼭 필요한 일이지만 좀처럼 아이의 기분이 바뀌지 않는다면 부모가 아이의 기분을 바꿔주는 방법도 있습니다. "다 울었으면 공 가지고 놀까?"처럼 아이가 기분을 전환하는 계기를 만들어 주면 좋습니다.

③ 아이를 집에서 내쫓거나 혼자 두지 않는다

감정을 표현했다는 이유로 부모가 자신을 거부하고 격리했다고 생각할지도 모릅니다. 집에서 내쫓거나 어딘가에 홀로 버려두지 말고 옆에서 지켜봐줍시다.

④ 아이의 말에 항복하거나 이미 정한 기준을 바꾸지 않는다

기준을 바꾸면 아이가 무엇이 잘못된 행동인지 몰라 혼란스러워합니다. 또 계속 "싫어!"라고 말하면 부모가 넘어가 준다고 생각해서 더욱더 격하게 반응하는 경우도 있습니다.

장난감을 정리하지 않을 때

"장난감 정리를 안 해요.", "아무리 장난감을 정리하라고 말해도 안 해서 힘들어요."라는 고민을 자주 듣습니다. 이럴 때는 정리하기 쉬운 환경을 만들어 주거나 정리를 하지 않는 이유

를 찾아서 아이가 스스로 정리하고 싶어지도록 만들 만한 방법을 생각해봅시다.

① TV 화면에 정신을 빼앗긴다

아이를 키우는 가정에서 흔히 볼 수 있는 장면입니다. TV는 계속 켜두지 말고 시간을 정해서 해당 시간에만 켜놓는 습관을 들여보세요.

② 아이가 스스로 정리하기 어렵다

장난감을 상자에 깔끔하게 정돈해서 넣기 등 정리 방법이 아이에게 너무 어렵지는 않은가 살펴봅니다. 인형은 하얀 상자에, 블록은 노란 상자에 두는 식으로 장난감을 종류별로 나눠서 색깔 상자에 담도록 아이의 시선에서 쉽게 정리할 수 있는 방법을 찾아봅시다. 또 자주 갖고 노는 장난감은 아이 손이 잘 닿는 곳에 둡니다. 그림책은 책장에 꽉 차게 꽂아두면 꺼내기도 어렵고 정리하기도 불편합니다. 아이가 좋아하는 그림책 몇 권만 표지가 보이도록 세워 두세요. 남은 책들은 모아서 다른 곳에 정리하는 것이 좋습니다.

③ 정리하고 싶은 기분이 안 든다

어른도 마찬가지지만 어떤 일을 해야 할 때 좀처럼 내키지 않을 때가 있습니다. 일을 시작할 때는 의욕이 샘솟다가도 끝나고 정리할 때면 귀찮아진다고 말하는 어른도 적지 않습니다. 그럴 때 어른들은 어떻게 기분을 바꿀까요? 노래를 부르면서 한다든지 리듬감 있는 곡을 켜놓고 하는 사람도 있습니다.

아이가 좋아하는 노래를 부르면서 "이 노래가 끝날 때까지 다 정리하자."라며 함께 정리해주거나 "누가 빨리 정리하는지 볼까?" 하고 경쟁하면서 놀이 형식을 더해보는 방법도 있습니다. 정리가 끝나면 "정리하니까 기분이 좋다."와 같이 깔끔해진 기분을 아이와 공유합니다.

엄마의 계획을 방해하는 아이 이해하기

옷을 갈아입는 시간이 오래 걸릴 때

앞에서도 언급했지만 엄마, 아빠는 하루의 일정을 생각하면서 움직이다 보니 아이도 제시간에 해야 할 일을 딱딱 해주길 바랍니다. 아침에 나가야 할 시간은 정해져 있는데 아이가 느릿느릿 옷을 갈아입는다면 "빨리 입어!" 하고 말하고 싶어지지요. 하지만 아이의 시선에서 보면 옷 갈아입는 데 시간이 걸리는 이유가 있습니다. 아이의 마음을 생각해보면서 어떻게 대응하면 좋을지 알아봅시다.

① 다른 일에 정신을 빼앗긴다

아침에 아이의 잠을 깨우기 위해 켜두었던 TV나 핸드폰이 다음 일에 지장을 주는 경우가 많습니다. "밥 먹고 옷 갈아입은 다음에 준비가 끝나면 15분 동안 TV 보게 해 줄게."처럼 순서를 바꿔서 준비해보세요.

② 옷을 갈아입기가 힘들다

단추를 채우기 어렵거나 옷에 머리가 잘 안 들어간다는 이유로 아이가 혼자서 옷을 입고 싶은데 잘 되지 않는 경우도 있습니다. 이럴 땐 갈아입기 쉬운 옷을 골라줍니다. 아침에 옷 갈아입는 데 시간이 오래 걸려서 자기 전에 내일 입을 옷으로 갈아입힌다는 엄마도 있습니다. 아이가 아직 어리다면 가능한 방법입니다. 만약 아이가 혼자서 신발을 신기가 어렵다면 뒤꿈치에 잡아당길 수 있는 끈을 달아주는 방법도 있습니다.

③ 옷을 갈아입는 시간이 오래 걸린다

원래 아이들은 어른처럼 빨리 옷을 갈아입지 못합니다. 그런데도 부모가 "빨리빨리!" 하고 재촉하면 아이는 초조해지고 빨리하지 못하는 자신을 모자라다고 생각할 수 있습니다. 이럴 때는 옷 갈아입기를 재촉하지 않도록 조금 일찍 아이를 깨워 보면 어떨까요? 조금씩 익숙해지면 분명히 아이도 옷 갈아입는 시간이 줄어들 것입니다.

④ 입을 옷을 쉽게 고르지 못한다

4~5살이 되면서 옷에 관심이 생기고 집착하는 경우가 있습니다. 아침에 옷을 고르는 데 시간이 너무 오래 걸린다면 자기 전에 아이와 이야기해서 미리 입을 옷을 준비해 둡시다.

밥을 너무 오래 먹을 때

"밥 먹는 데 너무 오래 걸려요…."

엄마들은 아이가 밥을 맛있게 넙죽넙죽 받아먹었으면 좋겠고 빨리 식사를 끝낸 뒤 싹 정리하고 싶어 합니다. 이를 해결하기 위해 아이가 '밥을 오래 먹는 이유'를 생각해보면서 대응법을 알아봅시다.

① TV가 켜져 있어서 주위가 어수선하다

아이도 모르게 TV에 시선을 빼앗기고 말아 식사가 늦어지는 경우가 가장 흔합니다. 엄마, 아빠가 식사하면서 TV를 보고 싶은 마음이 있더라도 꾹 참고 TV는 끄는 것이 좋습니다. 항상 TV가 켜져 있었다면 아이의 나이에 따라서는 "TV 켜줘!"라고 조를지도 모릅니다. 하지만 며칠만 노력하면 TV를 켜지 않고 식사하는 게 익숙해집니다.

아빠가 늦게 퇴근하는 등의 이유로 TV를 끄고 식사하기가 외롭게 느껴진다면 음악을 틀어보세요. 다만 아이가 좋아하는 노래를 틀면 계속 따라 부를지도 모르니 곡을 잘 선택하는 것이 포인트입니다. TV가 꺼져 있을 때는 아이가 좋아하는 자동차나 동물이 그려진 귀여운 천을 TV 위에 덮어두거나 아이가 자주 보는 만화 포스터를 붙여두면 좋습니다.

② 배가 고프지 않다

아직 배가 고프지 않아서 밥을 오래 먹는 경우도 있습니다. 아침, 점심, 저녁의 식사 시간이 너무 붙어 있지는 않은지, 간식의 양이 많지는 않은지 잘 살펴봅시다. 아직 유치원이나 어린이집에 다니지 않는 아이라면 가능하면 낮 동안은 공원이나 놀이방에서 맘껏 뛰놀며 몸을 쓰게 해서 배가 고프게 만드는 방법도 있습니다.

③ 음식이 마음에 들지 않거나 입에 맞지 않는다

좋아하는 음식이 나오면 뚝딱 먹고 금방 "잘 먹었습니다."라고 말해주는데 조금만 싫어하는 음식이 나오면 시간이 오래 걸릴 때가 있습니다. 재료를 써는 방법이나 맛을 내는 방법 등을 고민해봅시다. 밥 위에 케첩으로 얼굴을 그리거나 아이가 좋아하는 그릇에 음식을 담기만 해도 아이의 기분이 바뀌면서 밥을 잘 먹기도 합니다.

싫어하는 음식은 도시락에 담아 친구와 함께 소풍 온 것처럼 먹으면 자기도 모르게 먹는 경우도 있습니다. 이럴 때는 부모가 놓치지 말고 "오늘은 밥을 정말 잘 먹네. 꼭꼭 씹어서 빨리 먹으니까 더 맛있지?" 하며 칭찬해줍시다.

④ 원래 밥을 천천히 먹는다

밥을 먹는 속도는 사람마다 다릅니다. 식사 시간을 조금 길게 잡아서 여유롭게 생각해보세요. "빨리 먹어!" 하고 야단치기보다는 미리 시간적 여유를 두어 해결책으로 만드는 방법입니다.

아이가 매달려서 집안일을 할 수 없을 때

"우리 아이는 엄마, 엄마 하면서 뭐든지 같이 하려고 해요."

아이가 집안일도 못 하게 해서 힘들다는 엄마가 많습니다. 이럴 때는 아이가 엄마나 아빠를 도와주게끔 해봅시다. 아이는 엄마, 아빠와 뭐든 같이하고 싶어 합니다. 물론 엄마가 하는 것이 수월하거나 시간적 여유가 없는 상황이라면 무리하지 않아도 좋습니다.

하지만 부모에게 조금 마음의 여유가 있을 때면 꼭 아이가 엄마, 아빠를 도울 수 있게끔 해야 합니다. 아이에게 역할을 주어서 엄마, 아빠의 집안일을 돕게 하면 나중에는 엄마, 아빠가 편해질 수 있습니다. 또 무엇보다 아이가 집안일을 스스로 할 수 있게 되면 나중에 살아가는 데 큰 도움이 됩니다. 아이에게 집안일을 돕게 할 때는 이렇게 해봅시다.

① 빨래

빨래를 널 때는 "바구니에서 아빠 거 큰 바지 좀 집어 줄래?", "○○가 쓰는 작은 수건 좀 가져다줘."라고 말해서 아이가 직접 건네주도록 해보세요. 어떤 옷이 누구의 것인지 알게 되며 크다, 작다 등의 개념도 이해하게 됩니다. 4~5살이 되면 엄마를 보고 그대로 따라 하면서 수건을 개거나 옷을 접어서 정리하기도 합니다. 개어 둔 모양새가 엉망일지라도 "○○가 도와주니까 엄마가 참 편하다."라고 말해주면 아이는 혼자서 해냈다는 뿌듯함을 느끼며 다른 사람에게 도움이 됐을 때 기뻐하는 마음이 자라납니다.

② 식사 준비

식사 준비를 할 때 "가족 수만큼 그릇 좀 놔 줄래?" 하고 말하면 "우리 가족은 3명이니까 3개!"라는 식으로 아이가 가족의 수와 그릇의 개수를 맞춰 봅시다. 아이가 아직 숫자를 모르더라도 수의 개념을 이해하는 계기가 됩니다. 또 부모가 "젓가락 좀 놔줘."라고 말하면 아이는 "아빠 젓가락은 이거."라며 각각의 물건과 소유자를 맞춰 볼 수도 있습니다.

③ 요리

"어린아이에게 요리를 시키다니 말도 안 돼요."라고 생각하는 분도 있습니다. 아이 손에 칼을 쥐여 줄 수야 없겠지만 3살 아이도 양상추 잎을 떼는 정도는 가능합니다. "양상추 잎을 떼내고 방울토마토를 같이 올려줘." 하고 아이에게 부탁하면 샐러드는 쉽게 완성됩니다. "이게 양상추야." 하고 채소 이름도 알 수 있고 식재료를 만지는 동안 손의 감각도 발달합니다.

엄마~

내가 만든 샐러드 완성!
잘 했어!

STEP 5

부모가 행복해야 아이도 행복하다

엄마 혼자 희생한다고 느껴질 때

엄마에게 치우친 스트레스가 아이를 망친다

부모가 일상 속에서 스트레스를 많이 받으면 자신도 모르게 그 화살이 아이에게 날아갈 수 있습니다. 스트레스를 아이에게 직접적으로 표현하지 않더라도 가족과 함께 보내는 시간이 매우 적거나, 녹초가 된 상태에서 가족과 있거나, 신경이 예민한 상태로 집에 있다 보면 결국 그 스트레스는 아이에게 영향을 미칩니다. 애써서 가정을 이루었는데 이렇게 살아간다면 인생이 아깝지 않을까요?

지금은 예전에 비해 부부간의 가사노동 분담률이 높아졌습니다. 그럼에도 여전히 엄마들은 남편보다 자신이 더 가족을 위해 희생하고 있다고 생각합니다. 당연한 이야기지만 아이가 생겨서, 가족이 있다 보니 일을 그만두거나 예전처럼 일에 몰두하지 못하는 등 한쪽을 선택하는 대신 다른 쪽을 포기한 경우가 많기 때문입니다. 회사를 다니더라도 집에 오면 육아와 집안일에 신경을 쓸 수밖에 없습니다.

이럴 때에는 가족을 위해서 희생한다는 생각 대신 "어떻게 하면 둘 다 할 수 있을까?"로 발상을 전환해봅시다. 예를 들어 일을 계속 하고 싶다면 '아이가 있으니까 일을 할 수 없다'가 아니라 '아이가 있어도 일할 수 있는 곳을 찾자', '회사에 말해서 일하는 방식을 바꿔 보자'와 같이 생각을 바꾸고 적극적으로 방법을 찾는 것입니다. 의외로 원하는 바를 이미 실행하고 있는 사람들이 많다는 것을 알 수 있습니다.

아빠도 마찬가지입니다. "일이 바빠서 일찍 퇴근하기 어렵다."가 아니라 "가족과 시간을 보내야 하니까 좀 더 효율적으로 일하는 방법을 찾아보자."라고 생각을 바꿔야 합니다. 이는 결코 이기적이거나 제멋대로 행동하는 것이 아닙니다. 오히려 나의 사고방식이 주변 사람들의 일하는 방식에 영향을 미쳐서 선택지가 넓어질 수 있습니다. 회사에서도 야근을 없애고 업무의 효율화를 꾀하거나 재택근무 제도를 도입하는 등 새로운 근무 환경을 만드는 변화가 시작되기도 합니다.

엄마, 아빠의 웃는 얼굴이 가족의 안정과 마음의 평화로 이어지며 그래야 아이도 안심하고 안정적으로 자랄 수 있습니다. 엄마가 스트레스를 많이 받는다면 시간을 쪼개서라도 취미 활동을 해서 기분을 전환하고, 대화를 통해 아빠가 육아와 집안일을 좀 더 분담하도록 해봅시다.

또한 부모가 스트레스를 잘 관리해야 아이도 놀이나 공부 등의 일상생활에 적극적으로 몰입할 수 있습니다. 또 부모 자식 간의 관계가 안정되면 엄마나 아빠도 집 걱정 없이 일과 사회생활에 집중할 수 있습니다.

엄마는 혼자가 아니다

배우자의 퇴근이 늦어져 엄마나 아빠가 육아를 혼자서 도맡아 하는 상황을 가리켜 '독박 육아'라는 말을 많이 사용합니다.

이 은어의 어원은 화투 놀이에서 패자 한 명이 혼자서 모든 책임을 진다는 뜻의 '독박을 쓰다'와 '육아'를 합친 것이라고 합니다.

아이 없이 어른들만 생활할 때는 하고 싶을 때 외출을 하고, 먹고 싶을 때 음식을 먹을 수 있지만 아이가 태어나면 상황은 크게 달라집니다. 물론 아이가 있어도 외출할 수 있고 좋아하는 음식을 먹을 수는 있습니다. 하지만 아이의 컨디션이나 기분에 따라 하고 싶은 일을 쉽게 하지 못하는 경우가 많아지는 것입니다.

의식하지 않고 해왔던 집안일이나 일상생활을 아이 때문에 내 마음대로 할 수 없게 되고, 좀처럼 일이 잘 진행되지 않는 경우도 있습니다. 아직 아이가 어리다면 실내 놀이방에 가더라도 기껏해야 1~2시간 정도 보내고 돌아올 뿐이지요. 배우자의 퇴근이 늦어지면 온종일 말이 통하지 않는 아기와 단 둘이서만 있어야 하고, 아기가 칭얼거려서 안아주고 수유를 하고 기저귀를 갈아주다 보면 어느 사이엔가 하루가 끝나 버립니다. '따뜻한 밥을 천천히 즐기며 먹어 본 것이 언제였더라' 하는 생각마저 듭니다.

집안일이 생각대로 잘 되지 않거나 하루 종일 아이가 보챌 때도 있습니다. 그럴 때면 스스로도 짜증이 나고 '왜 나만 이렇게 힘들지'라는 생각이 들게 마련입니다. 전업주부인 엄마라면 일하러 나간 남편이 꼴도 보기 싫어지지요. 어떨 때는 '아이를 위해 나는 일까지 그만 두었는데 왜 너는 하루 종일 보채기만 하고 나를 이렇게 힘들게 하는 거니…' 하며 아이가 미워지기도 하고, 그런 마음을 갖는 자신이 싫어지기도 합니다.

옛날에는 할머니, 할아버지와 함께 살기도 했고 마을 공동체 속에서 아이를 다같이 키웠습니다. 요즘처럼 혼자서 아이를 키우는 경우는 드물었지요. 육아와 집안일을 혼자서 다 해내지 못하더라도 이는 엄마의 탓이 아니며 자신의 능력이 낮아서도 아닙니다. 원래 집안일과 육아는 엄마 혼자만으로는 감당할 수 없는 것입니다.

부부가 상의하여 집안일을 분담해야 합니다. 각자 감당할 수 있는 영역을 확실하게 나누어 맡는 것이 중요합니다. 또 각종 육아지원서비스를 활용하고, 여러 가지 일을 터놓고 얘기할 수 있는 상대를 찾아야 합니다. 아이의 친구 엄마나 집 근처에 가까이 사는 학부모가 좋을 것입니다. 육아가 너무 버겁다고 생각한 지 오래라면 정부에서 지원하는 '시간제 보육'이나 '아이 돌봄 서비스'도 이용해볼 수 있습니다.

이렇게 말하는 저 역시 독박육아를 해왔습니다. 원래부터 남편은 늦게 퇴근하는 편이었는데 아이들이 6살, 3살이었을 때 지방에 발령을 받아 우리 부부는 떨어져 지내야 했습니다. 이후 셋째가 태어났고 나는 3명의 아이를 혼자서 키워내야 했지요. 남편이 떠난 날 밤 '이제 전등도 혼자서 갈아야 하는 건가…' 하고 한숨짓던 일이 아직도 기억납니다.

지하철로 40분 정도 걸리는 곳에 살던 엄마, 아빠를 하루가 멀다 하고 불러가며 가족을 동원했고 또래를 키우는 주변 엄마들의 도움도 많이 받았습니다. 특히 막내 아이가 태어난 지 얼마 안 됐을 무렵 "어차피 똑같은 데 가는 거니까 내가 같이 데려 갈게."라며 자진해서 우리 아이를 어린이집에 데려다 주었던 분께는 아직도 감사할 따름입니다.

독박 육아를 피하는 데
도움이 되는 사람 · 기관

육아종합
지원센터

엄마 혼자 모두 다 할 수는 없다
밥, 빨래, 설거지, 육아까지 왜 뭐든 내가 다 해야 하는 거지?
매일 나만 희생하잖아!
엄마…
말도 못 걸겠어.
더는 못 참아. 왜 나만 해야 하는 거냐고!
우~아!
미안~ 그렇지만 일이 바빠서 일찍 못 들어간다고.
당신이 얼마나 힘든지 이해해. 우리 모두 희생하지 않을 수 있는 방법을 찾아보자.
엄마, 아빠 자신의 삶을 희생하지 않고
취미 생활로 기분을 전환하고
집안일은 부부가 함께
건강하게 웃어야 아이들도 안정된다.

엄마·아빠가 집안일을 함께 하는 방법

엄마가 가장 좋아하는 대화 상대는 남편이라는 조사 결과가 있습니다. 사실 아이는 엄마, 아빠 두 사람이 함께 낳았으므로 같이 키우는 것이 맞습니다. 하지만 아빠가 일을 하는 경우에는 엄마 역시 직업이 있더라도 주된 육아는 엄마가 맡는 게 흔하지요.

항상 엄마가 아이를 담당하다 보니 엄마가 없으면 아빠 혼자서는 아이를 돌보지 못해서 곤란할 때가 있습니다. 또한 어디까지나 '아빠는 도와주는 사람'일 뿐이어서 엄마들이 마음을 놓을 수가 없습니다.

엄마가 갑자기 아플 수도 있고 워킹맘이라면 휴일에 도저히 빠질 수 없는 일이 들어올 수도 있습니다. 이런 경우를 위해 아빠가 육아의 메인 담당자가 될 수 있도록 부부는 반드시 서로 정보를 공유해 두어야 합니다.

"나도 아이를 돌보고 싶어."라고 생각하는 아빠라면 엄마가 집에 있어도 직접 나서서 기저귀를 갈고 우유를 주는 등 스스로 생각해서 움직입니다. 아이가 없을 때부터 집안일을 자주 해왔던 남성은 설거지나 청소 등을 알아서 하는 경우도 있습니다. 하지만 이제껏 집안일을 해본 적 없거나 엄마가 전업주부인 경우 자신이 집안일을 해야 한다고 스스로 의식하지 못하는 아빠가 많습니다.

가능하면 아이가 태어나기 전에 부모 교실이나 예비 아빠를 위한 강좌 등을 통해서 생각을 바꿔둘 필요가 있습니다. 육아가 시작될 때부터 함께 해나간다는 인식을 가지면 부부의 정도 깊어지고 엄마의 스트레스는 줄어들기 마련입니다.

미리 위와 같은 상황을 만들지 못했더라도 쓸 수 있는 방법이 있습니다. 불가피하게 아빠가 꼭 아이를 돌봐야만 하는 상황을 만드는 것입니다. "엄마가 없으면 울어서 안 돼."라고 말하는 아빠도 어쩔 수 없이 3시간 정도 혼자서 아이를 봐야 한다면 안아주거나 놀이 상대가 되어주면서 그 시간을 극복해나갈 것입니다. '엄마가 없어도 어떻게든 되는 구나', '엄마가 없어도 그런대로 괜찮은데?' 하면서 혼자서 아이를 돌봤던 경험이 쌓이면 아빠도 주체적으로 아이를 돌볼 수 있습니다.

부부간의 역할 분담을 시작하면 많은 가정에서 시행착오를 겪습니다. 대략 아래와 같은 형태의 분담 방법이 있으니 한번 실천해봅시다.

① 모든 일을 적어본 다음 분담하기

집안일과 육아에 관한 모든 일을 종이에 적은 뒤, 현재는 누가 그 일을 담당하고 있는지 명확하게 나눕니다. 종이에 적으면 보이지 않았던 일까지도 분명하게 드러납니다. 가령 '어린이집 등원 준비'는 한 가지 항목이지만 그 안에는 알림장 적기, 옷 갈아입히기, 기저귀 준비하기, 수건 교체하기, 물컵 확인하기 등 다양한 일이 들어 있습니다. 한 가지 항목을 혼자서 담당하지 말고 '학교에서 적어온 알림장 확인하기 → 아빠'와 같이 세부 내용 별로 나누면 엄마 몫의 부담이 줄어듭니다. 종이에 적어서 어떤 일이 있는지 눈에 보이면 "이거라면 남편도 할 수 있겠다." 하며 상대방에게 일을 쉽게 맡길 수 있을 것입니다.

② 요일별로 나누기

맞벌이 부부의 경우 어린이집 하원을 요일별로 나눠서 하는 집이 많습니다. 또 어린이집 하원을 맡은 사람이 저녁 식사를 위한 장보기와 요리도 함께하기로 정하는 경우가 많다고 합니다. 요일별로 저녁 시간동안 아이를 담당하는 사람이 확실하게 정해져 있기 때문에 자신이 맡은 요일이 아니라면 밀린 일을 처리하거나 회식에 참여하는 등 개인적인 일정을 짜기도 쉽습니다.

③ 여유가 있는 사람이 하기

이 방법은 부부가 낮 동안 활발하게 커뮤니케이션을 하고 양쪽 모두 아이의 주 양육자로서 손색이 없을 때만 가능합니다. 아이의 주 양육자가 어떤 일을 해야 하는지 부부가 서로 잘 알고 있는 경우입니다. 그러면 분담이라기보다는 공유에 가깝게 됩니다. "시키지 않아도 좀 알아서 해주면 좋겠어요."라는 엄마들의 바람이 실현될 수 있는 방법이지요. 물론 엄마, 아빠 모두가 집안일과 육아 실력이 수준급이어야 원활할 것입니다. 가능하다면 모든 부부가 이 단계까지 올라가기를 희망합

이제부터 우리 부부는
모든 것을 함께한다!

니다. 부부 중 어느 한쪽에만 집안일과 육아가 몰리는 일이 없으며 아이에게도 집이 편안한 공간이 될 수 있습니다. 엄마, 아빠가 둘 다 아이의 주된 양육자이므로 집안일과 육아를 균형 있게 나누었기에 가능한 일입니다.

역할 분담을 하기 전에 반드시 염두에 두어야 할 사항이 있습니다. 바로 '함께 하고 싶다'는 마음을 부부가 서로 공유하는 일입니다. "내가 집안일을 더 많이 해.", "내가 더 피곤해!"라며 설전을 벌여서는 발전이 없습니다. 부부 관계만 더 나빠질 뿐입니다.

"아침에 바쁘다보니까 아이를 계속 혼내게 돼서 힘들어. 아이 옷 갈아입히기나 아침 식사 준비 중 하나를 아빠가 해주면 좋겠어."처럼 역할 분담의 목표(아침에 아이를 혼내는 일이 줄어든다)를 확실하게 밝히고 구체적인 방법(옷 갈아입히기나 아침 식사 준비를 분담한다)을 함께 고민해보세요. 집안일과 육아의 체계가 잡히면 화내지 않는 육아를 하는 데에도 큰 도움이 됩니다.

가끔은 눈감아 주는 것도 필요하다

아빠가 집안일과 육아를 할 때면 엄마들은 "꼭 두 번 손이 가게 한다."는 말을 많이 합니다. "설거지를 했는데 기름기가 그대로야!", "빨래를 널었는데 옷에 주름이 그대로 있지 뭐야~."라는 말도 자주 듣게 되지요. 집안일이나 육아를 할 때 우리 집만의 방식이 있다면 이를 아빠(혹은 엄마)에게도 잘 알려주어야 합니다. 그런 다음에는 상대방에게 전적으로 맡기세요. 언제까지나 자신이 주 담당자라고 생각한다면 결국 최종 확인도 담당자가 하는 것이 좋습니다.

자신이 가르쳐준 방식대로 상대방이 하지 않으면 신경이 쓰여서 오히려 더 화가 날 때도 있습니다. 어떤 경우에도 '이 방법을 따라야 한다'라고 생각하는 집안일이 있다면 차라리 직접 하는 편이 스트레스가 적을 것입니다. 하지만 결국 모든 일을 자신이 하게 되는 수도 있기 때문에 상대방에게 맡길 만한 집안일을 잘 골라서 선택해야 합니다.

이 정도 일이라면 그렇게 신경 쓰이지 않을 것 같고 상대방도 충분히 할 수 있으리라 생각해서 맡긴 경우라도 사람마다 잘하는 일과 못하는 일이 있으므로 어느 정도까지는 방법을 알려줍시다.

조직에서 일을 해본 경험이 있는 엄마, 아빠라면 다음과 같은 상황을 이해할 것입니다. 나름대로 열심히 쓴 보고서를 제출했는데 상사가 지나치게 세세한 부분까지 수정을 요구하면 성가시기도 하고 화가 나기 마련입니다. 육아나 집안일도 마찬가지입니다. 상대방이 담당하는 일이라면 기본적으로 상대방에게 맡겨두는 편이 제일 좋습니다.

물론 처음 일을 맡길 때는 "셔츠는 이렇게 탁탁 한두 번 털어서 널어야 주름이 없어져."라는 식으로 조언을 해주세요. 그런 다음에는 각자 자신이 하기 편한 방식대로 하면 됩니다. 어떤 일에 대한 주도권은 해당 작업을 주체적으로 하는 사람이 가지는 것이 맞습니다. 요리를 하지 않는 아빠가 부엌에 와서 "이 조미료는 여기에다 둬야지."라고 지시한다면 그야말로 난센스이지요. 요리를 주로 하는 사람이 쓰기 편하다면 그만이기 때문입니다. 상대방에게 집안일을 맡겼다면 그 일에 대한 주도권 역시 기본적으로 상대방에게 넘겨줍시다.

또한 일을 분담하여 담당을 정했더라도 때로는 조정이 필요합니다. 가령 회사 일이 갑자기 많아지거나 근무 시간이 바뀌기도 합니다. 그럴 때는 서로 의논하여 그때그때 상황에 맞게 담당하는 일을 바꾸거나 일의 양을 조절하세요. 또 일을 맡겼다고 해서 상대방이 힘겨워 하는데도 일절 관여하지 않으면 이 역시 가정불화의 원인이 됩니다. 서로 도와가며 "고생했어.", "고마워."라는 말을 잊지 않는 것도 중요합니다.

아이는 가족관계로부터 사회성을 배웁니다. 먼저 집안에서 가족이 서로를 배려하고 위로하는 관계를 만들어 나간다면 부부간의 화합은 물론 아이도 엄마의 마음을 이해하는 성숙한 아이로 자라날 것입니다.

가끔은 눈감아줘야 행복하다

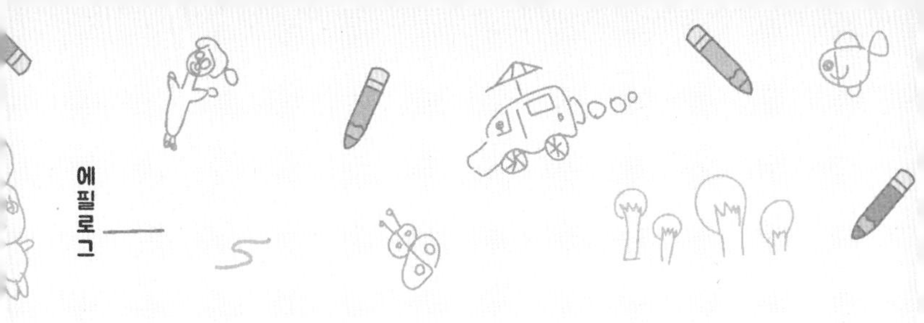

늦은 오후, 첫째 아들을 어린이집에서 데려와 집으로 돌아가던 길이었습니다. 떼를 부리며 큰소리로 울어대는 아들을 자전거 뒷자리에 태우고 시장 골목을 빠져나가던 기억이 납니다. 아들이 왜 그렇게 울어댔는지는 지금 기억나지 않지만 당시 시장에 있던 사람들의 시선은 아직도 머릿속에 남아 있습니다.

2010년 스웨덴으로 취재를 다녀온 뒤, 저는 '때리지 않는 육아'에 대해 의식하기 시작했습니다. 사실 이전에도 NPO 활동을 통해 아동학대 방지에 앞장서왔고, 아이들이 학대로 고통받지 않고 건강하게 자라길 바라는 마음이 누구보다 컸습니다. 그럼에도 "아이가 도무지 말을 듣지 않을 때 엉덩이 한 대 정도 때리는 것은 괜찮다."는 육아 전문가들의 말에 저도 모르게 '그래, 한 대 정도는 괜찮지 않을까?'라고 동조해왔습니다.

스웨덴은 1979년 세계 최초로 아이에게 가하는 체벌과 폭력

을 법으로 금지한 나라입니다. 취재를 갔을 때 현지에서 정부 관계자나 전문가들에게도 많은 이야기를 들었지만 가장 인상 깊었던 것은 스웨덴 부모들이 아이의 눈높이에 따라서 아이의 기분에 맞춰가며 말을 걸어주던 모습이었습니다. 법 개정 후 이미 40년 가까이 지난 스웨덴은 어느 누구도 아이에게 손을 대지 않는 나라가 되었습니다.

그때 현지에서 듣고 느낀 점들이 '야단치지 않는, 때리지 않는 육아'를 강의하게 된 계기였습니다. 이후 저는 세이브더칠드런과 캐나다의 아동임상심리학자 조안 듀란트joan E. Durrant 박사가 연구 개발한 《긍정적인 훈육positive discipline》과 캐나다에서 시작된 《상식의 육아common sense parenting》를 공부했습니다. 이를 통해 엄마가 아이의 마음을 이해하고 혼내지 않아도 되는 환경을 만들어줄 때 아이의 미래가 긍정적으로 바뀐다는 것을

깨달았습니다.

2017년 일본 후생노동성에서 배포한 〈아이를 건강하게 키우기 위한 사랑의 매 제로 작전〉 책자 제작에 참여하면서 저는 '야단치지 않는, 때리지 않는 육아'를 위해 구체적으로 무엇을 어떻게 해야 하는지 알려주는 책이 필요하다고 느꼈습니다. 게다가 아이는 엄마가 왜 자신을 혼내는지 알지 못한다는 사실을 의외로 많은 부모가 모르고 있었습니다. 이것이 이 책이 탄생하게 된 계기입니다.

육아는 매우 어려운 일입니다. 하지만 이 책을 읽고 "아이란 참 재미있는 존재구나.", "이런 것들을 생각하는구나.", "말을 어떻게 하느냐에 따라 아이의 반응이 이렇게 달라지는구나."와 같은 새로운 깨달음이 커져서 더 많은 가족이 웃는 얼굴로 지낼 수 있기를 진심으로 기원합니다.

일러스트로 쉽게 이해하는 육아 핵심 솔루션

아이는 엄마의 마음을 모른다

초판 1쇄 발행 2019년 10월 8일
지은이 고소 도키코
옮긴이 이정미

펴낸이 민혜영 | **펴낸곳** (주)카시오페아 출판사
주소 서울시 마포구 성암로 223(상암동) 3층
전화 02-303-5580 | **팩스** 02-2179-8768
홈페이지 www.cassiopeiabook.com | **전자우편** editor@cassiopeiabook.com
출판등록 2012년 12월 27일 제2014-000277호
편집 이주이 | **디자인** 유채민 | **일러스트** 가미오오카 도메

ISBN 979-11-88674-87-9 13590

이 도서의 국립중앙도서관 출판시도서목록(CIP)은 서지정보유통지원시스템 홈페이지(http://seoji.nl.go.kr)와 국가자료공동목록시스템(http://www.nl.go.kr/kolisnet)에서 이용하실 수 있습니다.
CIP제어번호: CIP2019037007